命背後的真相

身教 言教 不如胎教

——陳鈺珍 著

推薦序

向生命發問

國際道文化協會榮譽主席

中國道學學者

中國終南山老子學院創始人

新譯《道德經》作者

實踐國學和實證經學的倡導者和踐行者

老子文化全球傳播者

被人們稱為「當代啟悟者」

張三愚

　　一切從一個故事開始：一位億萬富翁的兒子開著車在山裡旅行。忽然，車子打滑，衝出護欄從公路上掉落到下面萬丈深淵。但是兒子還是在汽車落地爆炸前跳出了車門，幸運的是，他落到了山谷裡的一個沙丘上。他活了下來，但因為腦震盪失憶了。山谷裡的部落人救下了他，給了他一個名字，讓他留在部落裡，從此他成了一個伐木人。後來他的億萬富翁父親找到他，但是他連他自己的父親都認不出來，更不用說跟他回

去。他的父親不得不請來一位智者給他的兒子進行生命還原，最終他治癒了失憶症，然後他和他父親一起回去，從此過上幸福快樂的生活。

我們每個人也如同這個失憶的孩子，忘記了我們是神最摯愛的兒女，我們從靈性世界離家出走，降落到這個世俗世界，患上靈性失憶症。我們都急需一個智者，喚醒遺失的經歷和記憶，而返璞歸眞（陳鈺珍）老師就是那個可以生命還原，喚醒記憶的魔法師。

在爲個人提供能量和信息解讀方面，返璞歸眞老師是最卓越的新人類導師。她總能巧妙找到「生命的黑洞」，激活全新的生命熱情。她常說：「雖然我可以引導你照見自我，但我仍然希望你聽從自己的內心，仍希望你能更加獨立，從自己的內心收穫更多的東西。這項工作是共同創造的。我盡自己的責任，也希望你能認識到，是你創造了自己的現實，我給予你的支持能否引起共鳴，也是由你決定的。你可以決定是否接受我的能量信息，或者聽從這些信息。」她是一個出色的療癒大師，但她從不剝奪她人的自由意志。她給予他人智慧和力量，協助他人成長。

在《生命背後的眞相：身教，言教，不如胎教》這本書中，返璞歸眞老師分享了她生命旅程的一個又一個眞實的案例。一如既往地貫徹她不論是否有人接納或理解我，我都將繼續給予、奉獻更多東西的精神。她知道她的分享會影響整個時代的集體意識進

化，因爲她是整體的一部分。

　　只要你翻開這本書，卽使你還沒有來得及細細讀完，一種能量已經透過紙張和文字，對你的意識產生影響。在書中，返璞歸眞老師寫下的每一句話，對每個生命的全息解讀，以及每個生命境遇背後的眞實答案，都會影響這個世界千千萬萬的生命。

　　這就是我爲返璞歸眞老師作推薦序的意圖，我邀請你走近返璞歸眞老師，走進這本書，成爲共同推進新人類進化的一分子。我們可以一起爲整個人類的所有意識，帶來一個和平、歡樂、輕鬆的轉變。我們之所以可以這麼做，是因爲我們都在創造自己的現實，如果這是你想體驗的現實，那就加入返璞歸眞老師的行列吧。

　　幾十年以來，返璞歸眞老師一直在傳播光明和愛，在傳播積極和希望，我誠摯邀請你一起加入她向生命發問的隊伍！大道同行，四海一家！

目錄

緣起

　　走路、開車、坐車、飛機、火箭、飛船，不用等車了，靈性最後一班車是不開的，飛船時代已經來了，你不上飛船，你手上這張登機牌比衛生紙還不如。移動位置，才是重點，對準源頭意識創造，改造，打造，修之於身，其德乃眞。只要回到源頭，都可以重生生命。

　　「修身，養性，齊家，益國，平天下。」我們知道生生世世只爲了一件事——生命還原，圓滿家庭而來。圓滿家庭有三個關係：父母關係、伴侶關係、親子關係。親子關係等於父母關係的複製版，所以生命還原在胎兒期、產道期才是關鍵點。

　　我們知道在胎兒期要是有一個事件點將生命意識卡在裡面，就會延伸到整個家庭、家族的因果鏈；

　　我們知道眞正放下是面對過去所發生，才能跳脫過去所有發生，眞正體驗完整才能放下；

　　我們知道要改變目前的狀態，最直

達的是進入胎兒期改變的速度是人類思維無法想像的奇蹟；

我們知道「轉識成智」就是《道德經》所講的反，反之道動，反者道之動，讓心靈內在力量，DNA 直接突變的技術是一份福慧雙修的過程，稱之為逆向因果時空觀原理；

我們知道生命的開始媽媽和孩子都在經驗同一個歷程，如何孕育下一代優良品種是身為女人最大的創造作用力；

我們知道媽媽的思想行為作為感受，分分秒秒都牽動孩子的 DNA 系統；

我們知道胎兒期將近 300 個日子裡就是我們命運的縮小版，生命就是胎兒期的放大版，要改變目前生活狀態，回到胎兒期做意識轉換頻率，意識創造，反之道動，完全了然；

我們知道「能量＞事件」就可以連根拔除，這個事件就已轉換完成；

我們知道只要能做到當下即是，圓滿當下；上一秒已經體驗完成，不要把上一秒的情緒帶到下一秒來干擾自己；

我們知道如果生活中還是做不到，面對胎兒期攤開來看清楚是非常有必要；

我們知道所有的發生只是一種體驗，只為了平衡過去的作用力而存在於此刻的發生，所有的發生都是好事，都為了圓滿而來到；

才知道生命是一場從「感受—感動—創造—享受」的戲碼；

才知道過去因為不臣服，於是生命的苦難就開始；

才知道最高的臣服是臣服於自己與靈性那份約定，體驗靈性的和諧平衡、擴展意識的揚升，修之於身，其德乃真，家和萬事興；

才知道生命兩大罩門：在乎與執著，放下所知障就回歸宇宙源頭的返璞歸真了；

返璞歸真：是宇宙捧在手掌心的心肝寶貝；是都市叢林的貴族；是大自然界的小情人；是愛的化身；來到身邊的都是愛的頻率；在工作中玩樂；在玩樂中工作；在工作中享受；無所不知，無所不能，無所不是，無所不在，無所不入；我是一，我是真，我是道，我是水；認真地活，輕鬆地玩，開心地做，大道至簡，返璞歸真；

才知道境遇不重要，重要的是內在存在的狀態；

才知道生命原來不需要做什麼，也沒有在做什麼，只有做自己，把自己那份光愛水火中的水，活出來，活出水的品質來。天下之至柔，馳騁天下之至堅；

才知道生命是經度，能量是緯度，當

經度和緯度陰陽合一穩定住，意識揚升的力道十足；

才知道所有的事只關乎到自己，回到胎兒期原始點轉換頻率，恢復原狀，還原英雄本色，讓生命重生自己；

才知道胎兒時期的轉換意識頻率，會在不同的平行宇宙同頻共振的效應也同時穿越了，就可換來全新的自己、和諧的家庭；

才知道過去所有發生都是一份體驗與學習，現在的自己已經不是過去那個自己，感恩！

女人好，而天下安。我們可以為子孫留下什麼？這個議題是 21 世紀女性的挑戰，巴夏告訴我們：生命沒做清理，連接到的就是過去的舊頻率。2021 是黃金新紀元，靈性新科技文明的崛起，揚升意識，和諧平衡的開始，我選擇在這個時空點，將我這二十多年來 2 萬多個小時個案片段分享出來，當你用心感受到故事情節觸動到你的心時，已經在做生命清理療癒的開始，你只有放鬆，用心感受，不要加入太多的想法，讓這股清流流經而過，一切讓她走過存在，全新的生命就為你展開了，只要生活中從過去舊有慣性中突破自己的行為模式，生命 DNA 就形成基因改造，生活狀態就進入新的運行軌道系統了。這本書也讓孕育新生命的準媽媽們更廣泛地認知到如何孕育未來國家社會的主人翁，能夠更得心應手，當媽媽在孕育一個新生命時如何處事不驚轉換頻率，調整頻道，促使下一代人生道路走得更順暢。

第一章
揭開生命與命運的奧祕

　　我在靈性道路上走了 32 年，從「中醫體系」到「治標無法治本」，不知道疾病的源頭在哪裡，後來我又尋尋覓覓進入到了「能量體系」，能量體系真的太美妙了，能量體系不用陰陽五行等等，都是全自動的調整。可是我在能量領域我「只知其然，不知其所以然」，我發現還有更源頭的東西，我又開始尋尋覓覓進入了「心靈檔案、心靈基因、心靈 DNA、唯識科學」的層面與能量意識結合，是四通八達的，整個宇宙實相、宇宙全貌全部都能瞭解到，那就是氣、能量、品質、質能、靈能，也就是從原子、電子、原子核、中子、質子、次原子、夸克、粒子，人的量子結構最重要的中子與質子，就是靈性的核心本質，中子是陰，質子是陽，意識是質子結構，陰陽無法合一是裡面存在著離子在作怪，所以將離子離出來和電子做結合轉換揚升就是高我的意識頻率了。

　　靈性的源頭是弦粒子，弦才是物理的起源，弦振動的狀態就是宇宙的狀態，宇宙萬物由弦所組成，萬物都是弦狀，弦的本質——輕、柔、美，每個細胞都是弦粒子的光在跳舞。

　　弦力是一種轉化力，正弦波是作用力靈性的所有

生命背後的真相
　　　身教　言教　不如胎教

感知、感受，享受都來自於弦粒子，弦粒子可以讓生命過去的影子在黑洞蒸發且和他攜帶的種子祕密同歸於盡。刪除、粉碎、轉換黑洞的意識種子，讓水分子結構重新組合重新排列，於是生命就重生了，也就是我一直在強調的「能量＞事件」，轉換意識連根拔除，所以真正的療癒不是你做了什麼，而是你是什麼，這是能量意識層面好玩的祕密。從品質的高度進去就可以探索到生命源頭的問題。

在 2500 年前，當時佛陀就告訴人類：「萬法唯心造，唯識所創」，因為當時的人類「唯視」，只相信眼睛看到的事，所以 2500 年來人類還是在尋尋覓覓地尋找各方面的方法來探討生命答案，最終才發現是「唯心所創」，心的意識才是最根本的解決之道。

20 世紀愛因斯坦用不同的思維將人類的觀點從牛頓的「絕對時空觀」引進到「狹義相對時空觀」，也就是說，蘋果從樹上掉下來不只是有地心引力，還有更寬廣的因素存在，比如說有大自然的大氣，還有自然界的現象等等因素。佛陀時代的「大乘佛法，普渡眾生，脫離執著相」，執著就是所謂的絕對，愛因斯坦所說的相對就是無限的條件。

2008 年日內瓦全球最大的科學研究中心，3800多位科學家花了 20 多年的時間所研究出來對人類最大的幫助就是證實到：只要從能量意識轉換到品質意識就可以找到宇宙的源起、生命的源頭、宇宙的祕

密。所以我們一直在強調「能量」，能量必須轉換到品質，又進入到另一個維度，生命才會四通八達。

今生生命的起源就是在媽媽肚子裡，也就是當時在父精母卵陰陽結合之下產生的生命力，力就是量子力學。這個生命是否要存留下來，在確認之下，源頭的陰陽合一心靈十字就會下來，進入胚胎，成為物質體的本體，物質意識就開始運作了，當從形成的這一刻開始能量就開始運轉，15 天形成脊椎狀，接著產生頭顱，這也就是人類源頭形成最基本的因素。父精母卵這兩個細胞核形成一個單細胞，「兩儀生四象，四象生八卦，八卦生六十四卦」形成人體 60 兆的細胞。細胞記憶不會因為細胞分裂、複製而記憶消失，就像小孩身上流的血，包含了祖宗八代下來所有的 DNA 記憶。通過心靈的力量對細胞記憶、恢復身體健康和靈性重建是一項奇蹟。我們的細胞記憶和生命檔案是無法用我們的思維去估計出來的，在一些文宣紀錄當中提到細胞 24 小時才開始記憶，其實經過我 2 萬多個小時的臨床驗證，細胞記憶是分分秒秒都在記錄的，我們的身體有開始和結束的那一天，可是我們靈魂的記憶沒有開始和結束的那一天，它是分分秒秒都在記錄。

個案一

他說：「好可怕，好可怕……」我問：「你可怕

生命背後的真相
身教　言教　不如胎教

什麼？」他說：「很嚇人啊，兩隻眼睛瞪著我看。」我說：「你去看一下兩隻眼睛是什麼樣的形態？」他回答說：「就像一隻蝌蚪一樣，」我問：「你再看清楚蝌蚪怎麼了？」他說：「它要吃掉我，很恐懼它要吃掉我。」接著他又說：「好舒服，從來沒有這麼舒服過。」我問他：「怎麼會這麼舒服？」是因為陰陽合一了，也就是說父精母卵這一刻結合在一起了，當他的生命體還沒有形成之前，他的 DNA 阿凱西記憶分分秒秒都在發生著，這些全部都形成了 DNA 的記錄。可以記錄到前後的整個過程，所以說生命在父精母卵還沒有結合那一刻 DNA 早就已經開始了。在溝通引導的過程中他一直叫喊著說：「不要推我，不要推我，」我說：「誰在推你？」他說：「好多精蟲在推我，然後就把我推下去了。」他被推下去就是他成了第一名，第一名的精子就和卵子結合了，這就是 30 億個精蟲的一體意識共同創造成就一個第一名，這就是集體意識的創造。

　　不管在生活中發生什麼事，不管生活中有什麼解不開的問題，只要你願意讓意識回到媽媽肚子裡都可以找到問題的答案，在媽媽肚子裡的整個過程沒有分析式心靈，只有反應式心靈。媽媽肚子裡面是屬於一個密閉的空間，種子進入的速度非常地快，植入非常地深，所以在面對這一部分的時候要非常的全然，有耐心。

什麼叫胎教？胎教就是媽媽的所有行為、思維、情緒、感受、經歷，胎兒也同時在經歷，胎兒直接吸收、直接安裝成生命程式，生命的過程就以生命程式的頻率反應在生活當中叫胎教。以前都會說胎教就是要吃有營養的東西、聽聽音樂、散散步，這是胎教沒有錯，可是更重要的胎教是媽媽的情緒、媽媽的想法、媽媽的感受。學習靈性到現在我們瞭解到人最大的問題就是受制於情緒和想法，情緒和想法就是一個人的命運。媽媽在懷孕的過程中所有的想法、所有的情緒、所有的經歷、所有的體驗、所有的感受全部複製成孩子的命運，所以身為媽媽一定要有智慧，孩子非常的「好學」、「聽話」，媽媽在懷孕過程中所做的每一件事孩子全部都學下來，記錄在自己生命的DNA 了。在生活中，我們常會說：「我的孩子怎麼會這麼壞，怎麼這麼不聽話，怎麼這麼不懂事，我怎麼會生出這樣的孩子？」反過來看看媽媽自己本身，你在懷孕孩子的過程中你是如何教他的？你是如何給他感受的？所以「解鈴還需繫鈴人」，孩子的問題大部分都是出在媽媽身上，大部分都在大人身上，孩子的問題，大部分都在反應大人的問題。難道爸爸沒有問題嗎？家庭的成員全部都參與其中。

個案二

　　一位媽媽懷孕了，她是做接聽電話的行銷工作，

生命背後的真相
身教　言教　不如胎教

她在講電話當中非常地生氣，一生氣她就扯電話線，兩隻手分別拿著電話筒和電話線一直扯，結果在胎中的胎兒也學著媽媽拿著臍帶一直扯，所以說媽媽做什麼孩子全部都學習到了。可想而知，孩子在扯臍帶的時候已經把他身體裡面的很多機能流失了，體質就變得非常地虛弱，這些都是需要我們小心提防的。如何療癒體質虛弱呢？俗話說「在哪裡跌倒就從哪裡爬起來。」回到胎兒期什麼問題都可以解決。

個案三

她不知道自己的生命到底發生了什麼，在她的生命當中不斷地在重複發生一件事，就是做什麼事都偷偷摸摸，只有這樣她才會覺得非常地過癮，包括在生活當中去當第三者。就像之前所講的，只要你回到媽媽肚子裡，你生活中的所有問題都可以找到答案，在那裡你就可以顛覆生命的意識種子，就可以走出一條新生命道路。在個案過程中發現到媽媽懷她的時候害喜嘴饞，媽媽就從櫃子上面的餅乾盒裡抓了一把花生，然後又把餅乾盒放回去，媽媽一邊吃一邊笑，媽媽吃完之後還想吃，結果又拿了餅乾盒抓了花生再吃，那一次媽媽覺得非常地過癮。我問她：「你當時感受到什麼？」她說：「感受到偷偷摸摸才過癮，」我問她：「那時你有什麼想法？」她說：「我也要偷偷摸摸才過癮。」所以「我也要偷偷摸摸才過癮」就

形成她生命檔案的烙印種子，從小到大只要能夠讓她感覺生命過癮的事就是偷偷摸摸，就是要偷偷摸摸才過癮，這是很無奈的，沒有一個生命願意這樣偷偷摸摸，當這樣的生命檔案形成之後，就會不知不覺地隨著那個頻率去做偷偷摸摸的事，這些在胎兒期我們都可以把它顛覆、還原導正。

　　每次引導個案進入胎兒期的時候我就非常的過癮，為什麼？因為要開始「挖寶」了，「挖寶」是可以把垃圾變成金子。為什麼叫「挖寶」呢？因為種子是善於包裝、善於隱藏、善於隱埋，所以必須要識穿、識破它才有辦法滲透它，將它整個挖出來，需要非常地耐心，滲透的頻率要非常地準確。林肯在當美國總統的最後一年花了很大的精力成本去探討生命，結果發現每個人生命的 DNA 基因 99.9% 都是一樣的，我也在 2 萬多個小時的臨床驗證中，發現人類 DNA 基因的 99.9% 都是一樣的，才會相斥、對立，因為在彼此身上看到自己的影子，無法接受不完美的自己，當然就無法接受對方，所以所有的事只關乎自己，所以「我」都是「我們」，都一樣的哪有分別？接納這99.9% 加上自己這 0.1% 這一份生命就大圓滿了，不管什麼，都只是一份用心接納就過關了。

　　種子不是一個實體，它是一股電磁波的作用力，當細胞記憶在轉換頻率、鬆動移位元的時候，水分子結構就會重新排列組合。在這個過程中會排氣和排

生命背後的真相
身教　言教　不如胎教

水，排水是什麼？排水就是水分子結構重新排列組合，電磁波才有辦法改變頻率，也就是舊有慣性頻率才有辦法轉換出來。當水分子結構重新排列組合之後，一個人的因緣法則、因果定理、業力法則就重新編排了。排氣是什麼？人只是一口氣，這口氣出不去，下不去就卡死你。人的存在是爲了這一口氣，這一口氣裡有汙濁、有汙染、有不順氣、有不順暢，這口氣慢慢地就侵蝕到生命的點點滴滴當中。氣卡住了，氣滯血瘀身體會出問題，這一股氣結是細細綿綿長長，長到你無法理解的遠方，讓氣順暢＝運氣通暢。你不呼吸這一口氣就會要你的命，氣和水對人來講是非常重要的。比如說一棟樓不管外觀多麼地豪華壯觀，如果裡面斷水斷電，這棟樓最後就變成了一座廢墟。人就是一棟豪宅，水電一定要順暢。當種子在鬆動移位的時候，氣和水必須要轉換頻率，轉換頻率之後物質層面就可以全部達到轉換。

在胎兒期種子是如何形成的？種子爲了要保護自己，就把分析式的心靈關閉直接吸收，所以在我們之後的生命過程中都會斷章取義，自以爲是，認知錯誤又執著，扭曲了價值觀，這些偏差錯亂就形成了我們生命的命運。這些生命的命運負面在上面，眞正生命的價值智慧在下面，我們必須要轉換，就是轉換陰陽。轉換頻率就必須要有能量，當能量不足的時候也轉換不動，所以能量基本上是生命最基本的結構元素。

第二章
生命

個案一

　　我和我的女兒雖然同住一個屋簷下，但是像一對陌生人一樣，生活中她不會叫媽媽，在電梯裡碰面只會你看我一眼，我看你一眼，無論是從地理風水的角度還是命運觀點的角度都說不過去。直到有一次我在面對自己生命的時候看到了一幕，那是 40 幾年前我懷孕的時候白天暈倒在公車站，當時有很多人圍過來關心我，旁人說：「一個孕婦暈倒在地上了，趕快叫救護車送醫院。」結果旁邊來了一個年輕人說：「她是假的，不要理她。」就把這些人打發走了。後面又來了一些人說：「趕快叫救護車。」但是這個年輕人又說：「她是假的，不要理她。」一個孕婦就這樣躺在那裡沒人理。「不要理她」這句話就全部被細胞記憶吸收了，這句話就形成了我和女兒的命運，當一個人在昏迷無意識或意識低落狀態下，身邊人所講的每一句話都將植入他生命基因 DNA 當中，「不要理她」就形成了我和女兒生命過程的障礙物。所以我和女兒之間就形成相互的我不理她，她也不理我，這句話就形成了胎教。因為當時我是昏迷無意識狀態的，你說這是命運的安排和造化嗎？不是的，它只是外來的一

生命背後的真相
身教　言教　不如胎教

句話而已。那重點爲何會有這樣的一個人？這樣的一句話憑空而降？說穿了，那就是原先已經存在的一股作用力，這股力爲求平衡之下所產生的反作用力，所以才說，生命不用去問爲什麼，不需要問，只有接受，一切就平衡了，再也不會發生了，這就是最直達的修行方法。

後來我到很多地方講課，公司都會錄成 DVD 影片，我便帶回去給女兒播放出來看，我對她說：「你胎兒期的全部過程都記錄在這裡面，你看完之後就會很清楚我和你之間到底發生了什麼事情。」女兒的心靈很想解套，但女兒想的是我需要的是你的愛，不是你拿一盤 DVD 就可以糊弄我。她把 DVD 拿回去播放，她沒有看可是有在聽，看 DVD 的是她家的小狗，小狗從頭看到尾才離開。不管什麼問題知道了還要去做到，才有辦法解決問題。當你瞭解之後要去面對，面對是要去做出來，不是知道而已，知道要做到，知道和做到是有一段距離的，所以我和女兒對待關係是因爲這句「不要理她」才形成彼此的冷漠無情。

直到後來女兒要生產的時候，她選擇剖腹產，身爲媽媽的我尊重她，可是那個時候我在廣州，我打電話給她說：「在你要做剖腹產之前請先做一個產前教育。」我列了產前教育八大條給她。當我趕回到臺北的時候，我女婿從醫院打電話給我說：「媽媽你不用過來了。」當時嚇了我一大跳，我說：「到底發生了

什麼事？」才知道女兒在做產前教育之下，孩子有了自己的看法，不接受剖腹產要自然生產，我非常地開心，自然生產當然是最好的。到醫院之後看到女兒痛得很難受，我就問她：「你不是有打無痛分娩？」她說：「是。」打無痛分娩是沒有用的，因為藥物無法對抗一顆種子無明的作用力，也就是說生產本來就是一份無明意識的過程，這份無明又會觸動到當時媽媽是怎麼生你的，促動你現在就怎麼地生你的小孩，全部是複製。我看到她痛苦的樣子也被觸動到，觸動到我生她的過程的那份痛，前面看到的是女兒生產痛的樣子，左邊看到的是當時我要生她痛的樣子。當時我生產的時候婆婆在我身邊，婆婆對我講了一句話，這句話又形成了我和女兒的生命檔案障礙，婆婆說：「沒有人能幫你，只有靠你自己。」也是因為這句話，我女兒從小到大的生命過程很辛苦，因為當時這句「沒有人能幫你，只有靠你自己」，包括我什麼事情都是靠自己，沒有人能幫我，兩個畫面在我的面前。在這裡要再次呼籲，請不要在孕婦生產時在她身邊講話，否則好意反而不討好，更多是非干擾。

　　我對生命基因靈性機制的瞭解，我就可以顛覆種子意識，我瞭解到生命存在的基本因素，就是面對心靈內在巨大力量的喚醒。奇妙的事終於發生了，在我有意識到的作為之下，產生內在巨大的力量，做出了大破大立，當時我內心吶喊著：「不是！誰說的！

生命背後的真相
身教　言教　不如胎教

誰說沒有人能幫你，只有靠你自己。」內心吶喊的這句話就把婆婆那句話全部破解掉了，全部翻版了。接著我想：「我能給你什麼？」我想用能量幫你可是怕影響到胎兒，於是我行動就開始了，我起身走到她面前，雙手握著女兒的雙手，我把心中滿滿的愛透過雙手傳遞給她，我對她說：「勇敢，加油……我給你勇氣，我給你力量。」當時我淚流滿面，我把滿滿的愛通過雙手全部輸送到她的心裡，當下她的心全部都收到了，當下痛到意識低迷的她，她的心全部都收到了，滿滿的愛。她肚子裡的小孩也全部收到了我滿滿的愛，這份愛的力量也因為我的這個大破大立的行為而化解了我們祖孫三代的「恩恩怨怨」。把過去的種子意識全部溶解轉化成愛了，只有愛才能喚醒愛，全部都轉化成母愛的光輝，很快她肚子裡的寶貝就順利地生產了。所以說，人最怕的是不知道問題在哪裡，當你知道問題在哪裡，就可以迎刃而解了。沒有那麼多的問題，問題本身就是答案，答案在問題裡面，只要你勇敢地面對就可以找到解答。

個案二

　　她不知道如何才能知道自己的命運，很後悔來
到人世間，不知道為什麼要來到這個世界上。她說：
「我要有一個藍天白雲和白色精靈的地方，像天堂一
樣沒有嫉妒，每個人都有自己的才華，彼此都相互尊
重，那才是我的家。我後悔來到這個世上，我找不到
自己到底是誰，我不知道自己做了什麼，我不屬於這
些人，我把自己和他們隔離了。」

　　當時神說：「你終於知道生命到了一個時間點
不得不做一個決定，選擇這對父母是最好的挑戰，挑

  生命背後的真相
　　　　身教　言教　不如胎教

戰自己要不要去接受這個挑戰，這個挑戰最適合你，你可以戰勝所有的弱點。要戰勝自己的弱點很難，這個挑戰是自己的選擇，你在這個過程中可能會迷失自己，可能會後悔，可能會很想家，你可以把現在你在這裡經歷的感受告訴人類：這裡的愛是無條件的、沒有分別的、接納的、付出的，他們很愛我，雖然在自己的世界裡獨來獨往，每個人沒有分別心都是很愛我，把愛帶給人類那就是無條件的付出，高我隨時隨地都在我身邊指引著我，也在我身體裡面陪伴著我。」

　　我問個案：「你的地方像天堂一樣美，你為何要來？」她說：「時間到了不得不做一個決定。」問：「什麼決定？」她說：「挑戰自己。」我問：「誰讓你決定的？」她說：「自己，自己願不願意去接受挑戰都是自己決定的。」她就很感恩地接受這個挑戰，在胎兒期的時候，奶奶在外面吵架，吵完之後回來又和媽媽吵架，媽媽就開始爭辯：「這個環境讓我感覺到不安全，我想逃離這個掙扎的環境，這個環境讓我非常煩躁和無奈。」越想逃離，胎兒在媽媽肚子裡就越往下墜，越沉淪就越迷失。她剛生出來才六個月大，當時爸爸因為被誤解被員警抓走了，媽媽抱著她在員警後面一直追⋯⋯馬路旁邊有很多圍觀的人在看，甚至有人說：「太厲害了，這個女人值得驕傲。」所以嬰兒就接收到了這一句話，斷章取義地認為一個人要挑

戰權威才能被其他人所認同、認可。後來我引導她去看到事實的眞相：媽媽不是在挑戰權威，媽媽抱著她一直追是因爲爸爸被帶走了，是「老公你走了，我怎麼辦？」這不是在挑戰權威。這個誤解造成她生命中很多坎坷的歷程，從小到大包括在社會上工作她都在挑戰權威，她的生命程式認爲，只有挑戰權威才能得到別人的認同和認可，才是一個很厲害的佼佼者。所以當她每次在挑戰權威的時候，自己都不知道發生了什麼事，爲什麼和人群都是隔開的，好像是不屬於這些人，不知道自己爲什麼來到這個世界。

在三歲的時候爸爸回來了，她不認識爸爸，她說：「完了完了⋯⋯怎麼家裡回來了一個像魔鬼一樣的人。」所以她把對爸爸這一段感受也投射到伴侶身上，她在伴侶身上是在找爸爸的影子、爸爸的味道，同時她也在找爸爸的那份霸氣、那份控制、那份憤怒、那份她認爲的愛，所以這些全部在她伴侶的身上反射出來，當她和伴侶在這樣的生活狀態下，她非常地絕望，感覺活在這個世界上沒有意義。包括在工作職場上都感受在這個世界上沒有意義，失去了時間的自由，失去了空間的自由，人際關係增長的痛苦，迷失了自己，無法感受到被愛和被接納，背離著人生的目標走。到最終她也領悟到整個生命過程帶給她的意義是什麼，她是來挑戰她自己的，因爲這個生命程式是自己設定的，這是自己要給自己的挑戰，這個目標

生命背後的真相
身教 言教 不如胎教

我肯定可以實現的。

　　這一世讓我有所長進，讓生命有所提升，不再有分別心，感恩眾生為了我提供這樣的機緣，讓我認識到真正的自己是光與愛，這是自己答應自己的，答應自己還帶著感恩的心去學會愛，每個地方都可以給出光與愛，我就是光和愛，在光的照亮下都可以一樣的美麗。向著我的任務目標前進我不後悔了，順著目標前進就很輕鬆了，感恩生命。生命都是我們自己設置，也是因為我們需要才讓這件事發生，當瞭解到所有事情的來龍去脈，就會感受到走過一切感恩一切，無一不慈悲。當沒有瞭解到這些，無法接受就會抗拒，越抵抗你的漩渦只會越來越大，重力加速度只會把你拽得越深，直到你完全的臣服和接受。這些過程都是我們生命過程當中的凹洞，這些凹洞不斷地凸顯是為了要達到平衡，當平衡一產生，療癒就發生，然後就享受順遂人生。

第三章
命運

個案一

　　媽媽懷她的時候很辛苦，躺在床上害喜，爸爸每次回來沒飯吃，爸爸就罵媽媽、踢門摔鍋。當時她在肚子裡才七個月大，她不願意看到父母吵架的這種狀態，所以她就急著要出來不讓媽媽受苦。到了醫院之後，醫生拿出媽媽的資料一看孩子才七個月，剛好門口走過了七八位實習醫生，醫生就把七八位實習醫生招呼進來，醫生就指著孕婦的肚子說：「你們看，像這樣不足月的小孩胎位十之八九不正，頭和腳在這裡是不正確的。」這些實習醫生用手去摸肚子，一邊討論一邊點頭，肚子裡的她感受到被指責，被當成一個案例，當作不良的示範被人指指點點，失去自尊。這些全部都植入了她的潛意識，形成了心靈的磁鐵，心靈的磁鐵一旦形成，就會去感召吸引同質性的事件，再次體驗那種被指責、被當成一個案例、當作不良的示範，被人指指點點的過程。很無明，很無奈，當無明的種子再起作用，因緣具足、時機成熟、條件吻合之下，那種感覺的事件就又來了，一次又一次地重蹈覆轍，這就叫做迴圈、輪迴。那怎麼辦呢？找到根源「拔草要除根，以免春風吹又生」。一個印痕種

生命背後的真相
　　身教　言教　不如胎教

子的形成沒有轉換頻率，就會在生命中不斷地複製，複製出更多的事件讓自己苦不堪言，人就是這麼無奈，都活在自己創化的事件裡，傷害只有那麼一次，接下來的傷痛都是自己在傷害自己。當一個事件不斷地凸顯，也表示生命有事在求救，因爲靈性生命困在裡面，它在尋求出口，它在尋求解套，所以說勇敢面對，解放自己，脫離黑洞的束縛，得見天日生命就自由了。

　　我讓她重複「被當成一個案例、不良的示範、被人指指點點」這句話，當她在重複這句話的時候，也就是在轉換頻率的過程，她從小到大生命的歷程所吸引這個頻率的事件就像放電影一樣，在她面前一幕一幕地出現，這個過程也就是在釋放，也就是在刪除，做頻率轉換。我問她：「你感受到什麼？聯想到什麼？」她說：「太多了，考大學和考研究生都要考三次才考得上，都被當成一個案例，不良的示範，被人指指點點。包括在社會上發生一件事很無奈，也被指責，作爲不良的示範，自己成爲反面教材，被人指指點點。」這些都是一顆種子的顯化，當她完全釋放出去之後，完全理解到了之後，完全明白之後，我就讓她去重新安裝生命的新程式。我說：「那你可以翻身了嗎？你可以換位置了嗎？」她說：「可以，我要翻身，我要轉換位置了，生命要翻盤了。」我說：「那你就去做。」她就在媽媽肚子裡把位置換過來了，把

胎位換到完全正確的位置。我又問她：「當你轉換了位置之後醫生怎麼說？」醫生說：「來來來……你們進來看，像這樣不足月的小孩胎位這麼標準真的沒有見過，真的很不一般。」這些實習醫生讚歎：「太棒了！」我說：「你感覺到什麼？」她說：「被當成一個案例，優良的示範，成功的典範，被人標榜，被人誇讚，被人稱讚。」我讓她再重複這句話，從此她生命的版本、生命的 DNA 全部更改程式了，生命的命運在胎兒期完全改版了。隔天她去參加一個考試，這個考試非常得難考，有些人準備了幾年考了好幾次都考不上，她卻在非常短暫的時間內一次就考上，破了全國的紀錄，作為成功的典範，當場每個人都給她鼓掌、給她誇讚，可是她當場一點開心的感覺都沒有，只是疑惑地想：「怎麼會這樣？一次就考上，我覺得不習慣，不是要三次的嗎？怎麼會這樣？」她才慢慢地回過神來，意會到原來在胎兒期的命運程式已經重新被更改了。接下來她的人生真的走向一個很奇特、很不一般的歷程，她逢人就介紹我說：「鈺珍老師是我生命的大恩師，我的命運是老師幫我翻盤的。」最後家人因為她的改變也都改變了，就是位置和信任的問題。

　　位置是多麼的重要，其實生命當中的問題就是愛和恐懼的問題，家庭的問題是因為位置擺錯位而出了問題，生命也是位置擺錯位而出了問題。在生命成長

生命背後的真相
身教　言教　不如胎教

的歷程中偏離軌道，要慢慢地回到中庸之道，回到生命的軌道，當你回到生命的軌道上就回到位置上了，當你回到你的位置生命自轉又公轉，全不費工夫。靈性的成長，修行的路上最終就是位置的問題，位置錯位了才會出現問題，當位置對位，陰陽合一，生生不息，哪裡會有什麼問題呢？錯位就是陰陽的分離，最終要回來和自己合一，愛就源源不斷，那就是生命的品質。

　　生命整理的過程，就是我們在整理量子粒子的狀態，量子物理學專家用儀器可以偵測到粒子的狀態，結果發現一顆粒子的聚集可大可小，大可大到你無法想像、無法猜測，小可小到你無法想像、無法看到。當你想看到它，它就出現，你想要它，它就來到，這叫做我們都活在基因殘留的過程當中。這些無數的量子粒子頻率一致，就形成了一連串在當下產生作用的威力點，這個威力點就形成了事件。生命走過的命運是一連串事件串連起來的過程，心靈結構來自於我們的想法，人只是量子粒子的代言而已。宇宙空間所有的存在就像時間的巨輪，輪軸不停在翻轉，所有的過去、現在、未來同時存在，花開花落，日出日落，生生滅滅離不開心靈的種子。心靈的機制就是想法，萬事萬物依據想法而存在。生命的軸心就是我們的心，軸心的作用力產生翻滾往前的力道，形成時間的相續，生命的相續，人事物的相續，因緣的相續，業力

的相續都在迴圈裡打轉，形成了生命的軌跡。所有的現象發生都是力學原理，都是種子印痕的作用力，所以最重要的是把負面的釋放出來，轉換出意識智慧種子。只為了靈性意識往上揚升，就不受制於過去、現在、未來同時存在的限制，而是超越過去、現在、未來之外。當下全新的我，這完全取決於我們的認知與定義，從認知擴展意識接著感受就開始。創造生活中全新的發生與體驗，享受愛、喜悅、自由，接著生活就順遂，這就是能量迴圈不滅的定義。

個案二

　　她因為收養了一個被遺棄的孩子而鬧得全家雞犬不寧，她不知道為什麼？引導下去發現有三個問題，第一個問題是她講話很小聲，講不出來，她講話必須貼得很近才能聽清楚，也就是那份有口難言；第二個問題就是恨，非常地恨媽媽，五十多年恨一直在加深；第三個問題收留了一個被遺棄的孩子，任憑家人如何地反對一概無效，搞得家庭和諧度出現了問題。所有問題只有找到答案才有辦法解開，答案都在胎兒期媽媽肚子裡，我就引導她到媽媽肚子裡去。當時媽媽懷孕了，外婆就一直說服媽媽一定要去嫁給某某人，外婆說：「你只要嫁給他，我們家裡的所有問題就都可以解決了。」當時媽媽有口難言，不知道怎麼表達，最主要的原因是媽媽已經懷孕了，所以他沒有辦法再

生命背後的真相
身教　言教　不如胎教

去嫁給那個人。有一天,一個男人來到家裡對媽媽說:「我無法留下來,我必須要離開了,我老婆不答應離婚,我要走了,你要好好地過日子。」媽媽有口難言。什麼叫胎教?媽媽的情緒、媽媽的感覺、媽媽的反應全部都是胎教,當時媽媽所接收的胎教就是有口難言,不知道如何表達,有話講不出口。我又問她:「那你又怎麼了?」她說:「我好著急,媽媽你趕快講出來,告訴他我在肚子裡。」這個男人就是她的爸爸,爸爸不知道已經有她了,媽媽又不講出來,所以她很著急,可是媽媽有口難言,一句話也沒有說,這個男人就走了。從這之後她就開始恨媽媽了,恨媽媽沒講出口,所以爸爸不知道她的存在。

在靈性的機制運作之下,她生命的過程就會不斷地去創化一些事件來證明她的存在,別人眼裡看不到她的存在,因為她在媽媽肚子裡沒有人發現她的存在,這樣的生命歷程很辛苦,她不管做什麼,都是為了要證明給大家看到她的存在。後來媽媽就答應外婆嫁給了那個男人,所以她五十多年來還恨媽媽,我對她說:「這個恨讓你聯想到什麼?」她說:「太多了。」十歲左右的時候,有一次媽媽和爸爸吵架,媽媽要離家出走,收拾好了行李對我說:「我要走了,你要照顧好自己。」當時她恨媽媽不要她了。我引導她去理解:「媽媽要走真正的用意是什麼?」她理解到媽媽想要有一個臺階下,要我來挽留她,結果是我沒有挽

留她才走的，在這個點上，她才看到事實的真相，當她看到真正的真相，也就沒有問題了。後來媽媽離開了一年多才回來，在這個過程中，她也就只有更加地恨媽媽，在生活中我們所看到的一些事實都只是一個表象而已，表象的背後才是實相，才是真正面相。

在中學時候有一次放學回來，她看到媽媽和一個男人衣服很整齊地坐在床上聊天，她很恨媽媽不要臉，媽媽和那個男人一定有什麼不正當的關係。我引導她去理解那個男人是誰？她恍然大悟，原來這個男人是她的生父，她的生父離開十多年了，剛好回來，就來看看媽媽，可是媽媽也沒有讓她生父知道有她的存在，爸爸也不知道這是他的孩子，因為到這個時間點上也不需要說那麼多，所以媽媽什麼也沒有說。

我們可以理解到，當一個人對某個人心懷怨恨心的時候，他是帶著有色眼鏡去看待對方的，不管看到什麼都會加上自己的色彩、自己的力道，可是這個力道最終都會回到自己的身上，這叫做自作自受。所以我們才會說講話要講好話，想法要往好的方向想，否則這股作用力一定會反彈給自己承受，這些只是為了要達到心靈的平衡。心靈的機制非常的微妙，當你在心中打下一個問號，這個問號會去創化一個事件讓你體驗，讓你感受，你知道揭開心中的謎題的代價有多大嗎？

有一次下班，剛好外面下了很大的雨，她心想等

生命背後的真相
身教　言教　不如胎教

雨小一點了再走，剛好男同事就挽留她在宿舍等雨小一點再走，想不到雨越下越大，兩個人就衣服很整齊地坐在床上聊天聊到天亮，天亮雨停了才回到家，當她回到家媽媽還沒有睡，媽媽就質問它：「你昨天晚上整夜去哪裡了？是不是和某個男人去做了什麼不正當的事？」任憑她怎麼地解釋媽媽都不相信，更不堪的是媽媽強行帶她到婦產科去檢查，證明昨晚沒有發生任何的事情，媽媽才相信。我引導她透過這件事聯想到了什麼？她終於全都瞭解到了。我問她：「上次媽媽和那個男人衣服很整齊坐在床上聊天，他們有發生什麼事情嗎？」她說：「是我誤會她了，他們只是聊天而已，可是當時我就是不相信。」所以作用力出去，反作用力不管在宇宙時空停留了多久最終都會回到自己身上，這叫做自作自受。宇宙是平衡法則，所有的發生都是背後的平衡系統在運作。

　　五年前她父親往生了，從那個時候就更恨媽媽，恨媽媽害死了爸爸，從那之後就再也沒有跟媽媽有任何的聯繫，對媽媽只是恨，我再次引導她去面對胎兒期時候的恨，也因為源頭的恨才創化了一連串生命過程的恨，恨的種子不斷複製更多的恨，恨的背後就是愛，恨有多深，愛就有多深，我們必須還原出事實的面貌，那才叫做生命。我引導她回到胎兒期，我問：「當時那個男人對媽媽說我要離開了，讓媽媽好好過日子時，媽媽怎麼了？」她說：「媽媽有口難言，什

麼話也沒有說。」我問她：「爲何媽媽不說她已經懷孕了？說出來會有什麼樣的結果？」結果她大哭著說：「原來媽媽不說才能保住我，如果媽媽說出來我就會去做人流，我就不存在了，包括外婆要讓媽媽嫁人的時候，媽媽也是有口難言。」我問她：「有口難言的是誰？」她說：「原來有口難言的是媽媽不是我。」我就說：「既然有口難言的是媽媽不是你，你可以放大聲講話了嗎？」她說：「可以，因爲那個有口難言的是媽媽不是我。」在這個時間點上就讓她恢復到了自己的頻率狀態。我讓她去理解媽媽爲了保住你的生命，媽媽承受了什麼？媽媽犧牲了什麼？媽媽忍受了什麼？這時她完全地崩潰，這時她大哭，這時她終於可以感受到媽媽的母愛，這時她把對媽媽所有的恨完全地宣洩釋放出去了。媽媽爲了保住我承受了所有的壓力，她忍辱負重，吞下所有的委屈，顧全大局，有口難言犧牲自己只爲了保住我的生命。

恨有多深，愛就有多深，恨沒有轉換出去，愛是出不來的，任憑大道理大家都懂，知道到做到是有距離的，恨是毀滅的能量，愛是重建的能量，只有找到愛，心靈才能安然自在。我引導她去和媽媽做表達，在這一刻她再也不是有口難言，而是侃侃而談。她完全知道錯怪媽媽了，原來媽媽都是爲了她才做出了那麼大的犧牲，她也請媽媽原諒她，媽媽也哭了，媽媽說：「這麼多年你終於明白了，媽媽也不怪你。」母

生命背後的真相
身教　言教　不如胎教

愛也只有愛，對子女的愛是無怨無悔、掏心掏肺的。我再去引導她去理解爸爸的死跟媽媽有關嗎？她也理解到是自己的怨恨心加注在媽媽身上的，事實不是她想像的那樣，這個時刻母女的心結完全地解開。

恨消失了，只有愛的能量在流動，有愛的生命是富足的，愛可以融化所有的心結，能夠感受到母愛，自己也能把這份愛給到身邊的人，這才是愛最有價值的展現。這份扭曲的愛，不被理解的愛，呈現給身體就是心臟會出問題，心臟就是製造愛的能量庫，還原出這份生命，身體當然是健康的。

第四章
親子關係

個案一

　　她是子宮切除，子宮切除從靈性的角度來講就是母系關係打結了，心打結了，心打結了就會在子宮產生不順暢的能量，當心結可以解開，子宮就可以慢慢恢復到正常的運作狀態。她和女兒的關係非常地惡劣，我引導她回到生女兒時候，那天晚上半夜她在家人陪同下走在田埂上的小路，要走到對面大馬路才有車坐，快走到大馬路口的時候羊水就破了，然後她就躺在地上身體不能動了，她那時感覺到非常丟臉。我引導她去感受孩子的感受，她冒出了一句話：「我就要讓你感受一下當時我生你是什麼樣的感覺。」這句話已經在告訴我們所有的資訊，這個孩子就是她的媽媽。我又引導她回到媽媽生她的過程，那個過程也是非常地辛苦，付出了很大的代價，甚至為了把她生下來差一點就沒命了。我問她：「你聯想到和媽媽之間有什麼事情？」她說：「有一次，媽媽被誤解，當眾受到懲罰，當時我躲在人群的背後，看著媽媽被當眾懲罰，感受到自己非常沒有面子，讓我很丟臉，心想我怎麼會有這樣的媽媽？」所以她躲在人群背後不敢讓人認出這是她的媽媽，也因為這件事之後媽媽就得

生命背後的真相
身教　言教　不如胎教

了重症，進入到醫院裡面就無法再出來了。媽媽在醫院的過程當中，她去看了媽媽好幾次，有一次她動了一個念頭：「你如果就這樣死掉，對我來講也許是一件好事，我不會受你的影響，我的事業會做得更好。」靈魂的機制非常妙，頻率波全部都接收到了，一個想法的意識出去，對方馬上就接收到了。當她媽媽接收到這樣的資訊之後，她媽媽也有了她的想法、立場，所以她媽媽就來投胎當她的女兒。我也引導她去理解：「躺在大馬路上的你感受到什麼？」她說：「感受到非常沒有面子。」所以她完全瞭解到了，這也就是作用力和反作用力，當時媽媽讓她非常沒有面子，所以她就躲在人群的背後，這股作用力出去必然返回給自己，這就是宇宙的平衡法則。所有的事情與別人無關，所有的事情只關乎到自己內心的投射。整個過程也在告訴我們每個人的起心動念非常重要，起心動念一定要非常地小心、覺知、覺察。

　　她生女兒之後也經歷了一番波折，有一次她和女兒搭公車要去一個地方，公車慢慢地停下來，結果發生了一個意外，她女兒用手去抓公車的窗戶，結果沒有抓好就跌落在了地上，公車的輪胎剛好要壓到女兒身子了，她看到這一幕大吼大叫：「停止、停止……」我問她：「當時你內心感受到什麼？」她說：「感受到車子壓過去女兒就沒命了，女兒不能死。」需要被平衡的力量通過這個點她又連結到媽媽在醫院的那一

幕，她媽媽在死那個時間點，是對她的前途也許是有好處的，她完全明白了。這也就是靈魂這份無微不至，每個方方面面必須都要圓滿到，任何產生出來的一個現象，都要我們去看到自己生命的這一部分。

她女兒在讀大學的時候惹了很多的麻煩，甚至都要被學校開除了，她費了很大的勁才找了關係讓女兒安然地畢業，畢業之後進入職場工作，因為她的關係進入了一家非常有名氣的大公司單位，女兒在公司也惹了很多麻煩，公司通告消息說再不回來上班就要被開除。在這個時間點上剛好碰到她在選民意代表，民意代表是一個非常有權威性的頭銜，民意代表一旦選上可以成就她很多方面，可是在這個時間點上她竟然沒有心思放在事業上，她整個的心思都放在女兒的工作上，很多人都勸不了她，她為了女兒的工作放棄了選舉民意代表，心靈內在的那份力量促使她的心思從事業移轉到女兒的工作上。這一點她又理解到當時的女兒是之前的媽媽為了要平衡媽媽她的內在，媽媽會影響到她的前途和事業，媽媽也在平衡自己的心靈。身為媽媽的女兒也必須看到事實的真相，也必須平衡她內在的那份失衡，才有辦法達到平衡。

靈魂與靈魂的對話真的就是這麼的奇妙，這個個案在做療癒的時候，身為女兒又是過去的媽媽也同時在被療癒，所以三方都產生療癒、三方都達到和諧、三方都達到平衡。後來過了半年她又出現我的面前，

生命背後的真相
身教 言教 不如胎教

我真的是不認識她了，我只有從她在笑的嘴形看出原來就是她，本來看起來是一個老態龍鍾的婦女，現在怎麼變成了一個年輕漂亮的窈窕淑女，她甚至對我說：「鈺珍老師，你看我全身名貴的衣服都是我女兒買給我的。」看著她那份開心、幸福、美滿的感覺，就知道她的變化太大了，我說：「你真的太棒了！」她說：「我現在和女兒的關係非常好。」因為內在的心結全部都解開，家庭氣氛非常的融洽，所以父母關係、子女關係一條線解開的時候，全部都解開了，圓滿和諧的家庭父母關係絕對擺在第一位，當你和父母過不去，你生命的根在潰爛、腐爛，你的生命就沒有辦法茁壯成長，更無法開花結果。

奉勸各位：家庭關係的伴侶關係、親子關係都源自於父母關係。伴侶關係、父母關係、子女關係按照黃金比例三角對等關係，只要理出一條關係，其他兩條關係自動解開。父母關係的主旋律是愛，伴侶關係的主旋律是喜悅，親子關係的主旋律是自由。當父母的是來完成一個角色，那就是給自己安裝愛的程式，父母的角色等於造物的能量，父母自己設關卡又來檢視自己的關卡，父母和自己的父母相處關係來考核自己設的關卡有沒有過關，當與父母的相處愛有過關，那與孩子之間的相處對待關係當然就沒有問題存在。因關已破，沒關可過，順暢無阻塞，所以說：「百善孝為先」。

孩子在玩的過程都在安裝生命程式，包括小時候玩遊戲扮家家酒的過程，只有感受當下享受，從來不會去想到錢，不會去擔心未來，那份純眞、天眞、開心才是生命的本質。孩子意識沒有受限，沒有匱乏感，他才會去想要玩具，只有興奮，他要的是要自己那份值得、配得的感覺。我們不能去抹殺他配得的意識，我們可以緩和、協調，否則絕望會成爲一輩子不敢要、不敢擁有、不配得的陰影存在，更殘忍的是孩子拿到手的東西千萬不要限制、強迫、強制他放手。

個案二

　　她手上筷子夾了一塊肉正想往嘴裡放，大人說那雞肉你不能吃，這雞肉是要給哥哥吃的。男尊女卑的情節因而生起，更重要的是她以後拿到手上的財富就會流失，再次地失去心靈機制就會不敢要，也不敢擁有，也不配得到，更是信任感已經瓦解了。有這樣的輸入就會有這樣的輸出，她以後會以同樣的行爲模式發生在她與孩子身上，所以大人的行爲模式小心爲要。

　　孩子是我們的老師一點都不虛假，孩子是來成就大人的，你有解不開的結，用心表達給孩子聽，他一句話就可以解開你的心結，孩子是我們大人接棒人，他是帶著解決問題的能力而選擇來的，所以孩子是具

生命背後的眞相
身教　言教　不如胎教

足了所有能力。不用去教孩子怎麼做事，你再怎麼教只會教出像你一樣的孩子，難道你希望你的孩子以後像你這個樣嗎？孩子也是家庭的一分子，有關家庭的事給孩子一份參與，給孩子一份尊重非常的重要，有時候他一句話就拯救了整個家庭、整個企業、整個財富……孩子缺乏的是體驗，提醒他注意健康與安全，保護他就行了，培養孩子有欣賞、探索、發現、慈悲的能力就足夠了。給孩子空間，給孩子自由，用愛灌溉他自然會長大，給孩子自由等於給自己自由，在自由的定義上，自由的尺度上要有分寸的，是放縱嗎？是放任嗎？還是信任？也要合乎愛、喜悅、自由。

　　不管孩子現在多大的年紀都還是我們的孩子，我們現在生活中做的每件事都牽動孩子心靈的世界，孩子身上 DNA 是我們 DNA 的延伸與共振，我們的作為也是做給孩子的，我們的突破也是替孩子在突破，我們的成長也是幫孩子在成長。孩子的問題都在反映大人心靈內在的問題，當我們的問題穿越了孩子就不用再扮演我們內在的黑暗面，當你不想看，也看不出本質來，孩子的問題只會愈演愈烈，當看到自己的責任才有力量，就有能量，用責任有愛的高度看待一切，帶著家人的愛去流動、去付出等於帶著全家揚升。我們的改變、突破、揚升將是帶著整個家庭、家族、企業揚升，當我們的意識頻率波揚升到五次元，

可帶動整個家族全部轉型、轉變，這就是靈性科技新文明到來，帶給人類靈性量子效應弦粒子撓場引力波的玄機。讓自己開心，照顧好自己顯得特別重要。

生命背後的真相
身教　言教　不如胎教

第五章
事業關係

個案一

　　他目前在事業上遇到了很大的問題,非常地失意,表現出來都很糟糕達不到老闆的要求,害怕衝突,對自己很不自信,在這種情況之下變得不敢做事,縮手縮腳,膽小怕事,性格懦弱,患得患失,但他又 渴望得到別人的認可,所以讓他非常地為難。總而言之,所有的過程也都是在媽媽肚子裡的小事情所延伸出來的大問題。他從小學開始在班上就常常不順心,到了初中之後問題更大了,當你遇到一個小事情不去解開它,它就會以不同的方式愈演愈烈讓你看到自己。他在初中的時候是當班長,老師要他處理燈泡的問題,結果下課後和同學到外面打球忘記了,老師一上課看到燈泡還是壞的沒有修好,老師當場就不給顏面地對他說:「某某某,這點事都辦不好,別說當班長,你連當一個體育委員的資格都沒有,就地免職,永不錄用。」當著全班同學面讓他無地自容。我讓他重複老師那句話,這句話狠狠的敲中了他的心靈深處,他低著頭不敢看大家,害怕他們看不起自己,心裡很慌很堵。接著老師又說:「我要你現在就把鑰匙交出來。」結果他把鑰匙交出去了,這份在眾人面

前的失落成爲他往後人生事業上的絆腳石。重複那句話：「你連做體育委員的資格都沒有，更別說當班長。」這句話影響了他生命的整個過程，不斷地從高處跌下來，他的心是空蕩蕩的，把鑰匙交出去等同於把自己的自信心全部交出去了。

在六歲的時候，他看到這麼高大的爸爸就這樣摔倒了，我們大腦的機制就是會斷章取義，他看到的只是一個摔倒卻沒有看到爸爸是怎麼爬起來的。我引導他去看爸爸是怎麼摔倒又是怎麼爬起來的，當他看到這個點之後就已經完全清楚了，在以前的生活事業當中跌倒不知道怎麼爬起來，他不知道怎麼走到目標，原來跌倒是要讓自己看到自己的問題，帶著智慧爬起來就會走到目標。最重要還是要回到胎兒期，他胎兒期發生了什麼事呢？胎兒期在媽媽肚子裡的時候，媽媽在菜市場做生意，挑著擔子在賣東西，常常被員警警告，員警警告媽媽不能再來賣了，可是媽媽爲了賺錢養家活口，她還是繼續賣。有一次員警來了，媽媽很緊張又著急，那份緊張著急的壓力小孩全部都承接了，員警說：「我已經警告過你好幾次了你還敢來，你的貨品要全部被沒收。」對應到他現在和老闆的關係「警告過你幾次還敢這樣做」，當一個人無明的力量興起怎麼都抵擋不住，因爲那都是內在無意識的作用力。當時他非常害怕東西被沒收，東西沒收就沒有錢，沒有錢命就沒有了，「沒有錢沒有命」就是他現

生命背後的真相
身教　言教　不如胎教

在生活中經歷的那份感覺，因為工作很不順利，從總經理降為經理，他害怕接下來工作沒了、錢也沒了、命也沒了，這種感覺就是他在媽媽肚子裡的那種感覺。老闆一再提醒他：「已經提醒你很多遍，你已經從總經理降為經理為什麼還要這麼做？」可是他自己卻認為我這麼賣命，老闆你卻不滿意，他卻不知道是內在心靈的種子在作祟作怪，在求救。生命的機制非常的妙，當他可以看到自己在媽媽肚子裡所產生這些現象，回到生活中一切都改變了，他再也不會依據過去舊有的版本、舊有的慣性和那份作用力在行使，完全是一個新的開始，很快地他又晉升到總經理的位置了。

　　雖說生命過程中都是一份體驗，但是我們有權利選擇我們要體驗的，我們也可以壓縮時間讓那份不舒服的體驗不再發生，直接到達我們所要到達的目標，一個全新的開始。

　　有些話還是想提醒身為人師的老師，很多事業不成的人，大部分都在求學階段，被老師指責的一句話判刑了，終身無法超越那句話的魔咒，那是很無奈的遭遇。還好，我們現在有一張王牌給大家，只要拿出這張王牌，所有問題馬上奇蹟連連，這張王牌叫做：所有發生的事都是好事。把能量專注在好事上，奇蹟馬上發生了。獻上我滿滿的祝福。

個案二

　　他是一個建築公司的老闆，他非常地辛苦，他所承受的壓力不僅來自於事業上，還包括他的家庭、伴侶、孩子，各方面的壓力壓得他沒有辦法承受。他在媽媽肚子裡的時候出了什麼問題？當時他爸媽在做愛，他感受到那股迎面而來的撞擊力、衝擊力、壓迫感讓他喘不過氣來，這就是他生活中每天在感受的煎熬。在這個時間點上，我讓他去釋放那份壓力，適當的壓力是協助人往上提升的助力，但是過重的壓力會壓垮自己，包括身體都會出現問題，當釋放完之後要轉換智慧的高度。他說每當這份壓力來的時候都無法喘息，就只有一直往後退，退到沒有退路對方還是不放過他，直到外面的壓力慢慢的停止，他才能慢慢喘一口氣。在這個時間點上我就下一個指令給他：「你願意改變嗎？」他說：「願意。」我說：「那麼你可以怎麼做？」他就轉個方向換個位置，他感受到那份撞擊力、衝擊力、壓迫感成為他生命的推動力，外在的一切都是助力、推動力，他完全明白到現在所面臨的這些是他不懂得轉個彎，當轉個方向一切都是不同的風景，一切海闊天空。過了幾年之後，他竟然帶著他的孩子和老婆來見我，他告訴我他現在的轉變有多大，他的孩子也改變了，再也不是讓他頭疼的小孩，老婆也懂得尊重他，他的事業也步步高升，真的是太不可思議了。

生命背後的真相
身教　言教　不如胎教

每當看到來到我面前的療癒能夠達到這麼順遂的人生，連我自己都很感動，生命的力量是無窮無盡的，只要我們願意面對就沒有解不開的問題，問題另一面就是答案。為人父母的我們必須要顧及到胎兒在肚子裡的感受，讓孩子感受這份壓迫感、撞擊力，我們情何以堪，那份壓迫感、撞擊力讓他往後的人生歲月當中承載了多麼大的壓力。

　　所以做任何事，只要心中有它的存在，你就知道在事上多一份的體諒及愛護了。

第六章
財富關係

個案一

　　她在三四歲的時候，在一天傍晚被門口的五顏六色所吸引，看著小攤販在賣小人糖，她很想吃，就跟著賣小人糖的商販沿街走。她的內心有一種冒險的感覺，這種冒險的感覺也是為了證明自己很勇敢，人就是常常處在這種矛盾當中，知道這條路行不通，又偏偏往前走，也就是無明的力量在指示。當她發現的時候已經離開家很遠找不到家了，就心慌哭了，感受到非常的無助，一個老奶奶出來了，老奶奶對她講：「我帶你回家吃餅乾。」老奶奶就把她帶到派出所去了，帶到派出所之後，有很多員警保護她感覺很安全，過了不久看到爸媽來了，就感覺到更安全。媽媽就問她了：「不是讓你在家門口就好了嗎，你怎麼跑到這裡來了？」我們靈魂非常地慈悲，在我們小時候每一個片段的過程已經種下了往後生命的放大版，只是我們都沒有覺察到，生命凡走過必留下痕跡，一個種子會不斷地放大，不斷地茁壯，生命在無意識，就這樣地被種子推著走，無意識真可怕，意識到意識的重要，是生命崇高的覺醒。

　　任何一個事件都不是單一的條件，一個事件至

少有三個具足的條件，她有一個想吃但有口難言的條件，也有一個想冒險來證明自己很勇敢的條件，和想要證明自己存在的條件，這三個條件就延伸到她長大成人因緣具足、時機成熟、條件吻合之後，就開始玩股票，結果股票崩盤了，她朋友非常不放心她，怕她想不開，朋友就帶她回朋友家裡去，再請她老公接她回去。這一點她完全瞭解了，乃至於小時候條件的吻合，長大之後條件更成熟就延伸到玩股票了，所以她的財務受到很大的撞擊，損傷非常地嚴重，這個過程都來自於胎兒的那一份證明。

　　顧名思義，財富就是理財，常說「你不理財，財不理你」、「錢不是萬能的，沒有錢萬萬不能的」。其實在理財之前先把自己的心靈理出來，這才是重點，心還沒有理出來就去理財，反而比不理財還嚴重，因為當你投入這份心力之後，你生命的程式就反應給你了。理財有四個原則要轉換頻率：第一原則是恐懼；第二個原則是失落；第三個原則是業障；第四個原則是想法。恐懼可以轉換成創造力，失落可以轉換成行動力，業障可以轉換成感恩的心，想法就可以轉換成自信心，這是理財最基本的要素。五次元就直接到達全新的信念系統，一個事件的體驗已完成，對那個事件來說已經過去了，再也影響不了你了，因為你已經看到事件背後存在的那份真理實相本質，所以說「真理無法教導，只能被經驗」、「不經一事、不

長一智」。那是不同的頻率，不同的層面，不同的高度，不同的生命軌跡。

個案二

　　她到處上課學習，她害怕老了沒人要、沒人養，又花了大筆錢在外面收養了兩個孩子，請保姆去照顧孩子，想等老了之後讓這兩個孩子來養她。目前她負債累累，事業都快到了破產的地步，生意也在莫名其妙之下虧了很多，老公也常常說，這輩子最大的不幸就是娶她為老婆。一個人在恐懼之下所做的事連自己都不知道在做什麼，在短短的十年當中一而再，再而三地貿然投資，去開飯店八天就賠了 12 萬，要退出來又要賠 20 萬，但是不退出 100 萬馬上不見。總而言之，到最後她瞭解到也只是為了證明自己有能力，只是為了這份證明。證明也是因為曾經被否定，有太多的否定需要被證明，因為我們沒有辦法接受自己的被否定，所以就用各種方式方法來證明自己行，證明到最後只會讓自己越證明越不行，真正行就不用證明。

　　她小時候做饅頭，她沒有學習做饅頭的過程，只想到做饅頭的結果，做不好饅頭又挨大人罵，自信就不斷地流失。只是要到那個結果，也不去問怎麼做，恰恰相反，過程才是生命成長最重要的體驗收穫。所以結果沒有做好，反而被大人罵：「要你幹什麼，什

麼事都幹不好。」所以從此之後她做事常常都是半途而廢。我引導她回到胎兒期：媽媽坐馬車跑得很快，她非常害怕掉下來會被摔死，也聯想到她做事情就很怕破產，但還是要去做。爸爸帶著媽媽在非常凹凸不平的路上騎車，她卻覺得非常地好玩，可是坐馬車的時候又害怕被摔死。兩個事件混在一起，因為能量不足沒有辦法轉換頻率，意識頻率高度就不夠，所以轉換頻率是隨時都需要覺察的，只是轉個信念，再一念之差就完全天地之隔，這份差異性太大了。當爸爸騎車帶著媽媽的時候，突然之間爸爸媽媽摔在地上了，這個「摔」也就是她現在做事業投資賠一大筆錢的「摔」，她在媽媽肚子裡沒有辦法掌握局勢，外面的局勢是大人在掌握，那份感覺就是失控的感覺，失控就會讓一個人的身材也會失控，生意也會失控，他的人生都在失控的狀態之下。在這個點上她也理解到，當時的爸爸媽媽為什麼會摔？因為在玩沒有用心。她也理解到為何她做生意會「摔」，也因為沒有用心，只是好玩心態就產生了偏差錯亂。

她在產道期的時候不想出來，媽媽生了她一天一夜，旁邊的產婆也等了一天一夜，不耐煩地講：「這麼難生出來，大人小孩都會死。」也就是因為「都會死」，這個「死」也讓她理解到她很怕死，她自己也想出來了，當她要出來的時候產婆用手去壓，壓的力道形成了她的壓力，當她被這股壓力推出來的時候她

感覺到不是她想像的那麼可怕，真正的可怕是自己的想法。不害怕就不用別人來逼迫，化被動為主動，不再抱怨別人，反省自己，在哪個位置就把那個位置的事情做好。在這個過程她也理解到，在她的財務上為什麼會有那麼大的損失，也是因為她所認知的「玩」然後就「摔下來」，最後又害怕「死」。她沒有辦法掌控是因為她沒有用心，她只是重視到結果而沒有看到過程的重要性。將她生命整理出來之後她完全就明白了，被整理過的生命方向都會很清楚，用心之後就會步步順心。雖然看起來是小事，當小事你還不面對，就是大事的來臨了。

個案三

　　這位老闆遇到了金融海嘯，那天晚上他看到電視財經報導說金融海嘯爆發了，整個的經濟環境讓他感受到非常地無奈，他決定不了自己的行動，他不知道投進去這筆錢怎麼收回來，他選擇逃避不看也不想，可是這筆錢是自己的血汗錢，只是因為自己的投資決策失誤而導致帳面上損失一大半，整個股票都是綠油油的，感到焦慮無奈不知道何去何從？我引導他去看到小時候的一幕，這一幕把金融海嘯的過程全部很真實地呈現在他的面前。

　　他小學一年級放牛，阿姨告訴他說：「牛很安全，你可以很放心地去放牛。」結果他就到河堤邊去

54　生命背後的真相
　　　身教　言教　不如胎教

放牛，騎在牛背上感覺非常地平穩，非常地悠閒，他就在牛背上享受這樣的過程。忽然間感覺到遠處傳來了很大的震動聲，原來是牛群打架了，他就被四腳朝天地從牛背上摔了下來，看著整片飛沙走石的煙霧，眼睜睜地看著牛群在他頭頂上奔馳，此刻他做不了任何的動作，要是他有任何的動作馬上被頭上奔馳的牛群踩過就會沒命，他動也不敢動只有聽天由命等待的過程，只有等待著這一切都過去了，才有辦法慢慢地爬起來，恢復到原狀。

當我引導他看到整個過程的時候，他完全明白了如何來面對這一場金融海嘯。生命當中我們碰到的事，其實在小時候都已經碰到了，只因為小時候我們不懂，也因為小時候的經歷才累積到長大成人的體驗，所以過去所有的體驗，不管是正面還是反面，都只是為了今日的體驗而體驗，重點是體驗中洞悉了什麼智慧？在體驗擴展的意識揚升，才是體驗所要到達的目的地。

第七章
情感關係

　　情感分為親情和愛情，親情又回饋於愛情，愛情又回饋於親情，親情和愛情這兩股力量相互牽引、相互呼應。也就是說，電波產生磁力，磁力回流電波。這也是當今人類在生活中每個事件都在這個迴圈模式裡面打轉，這就是陰陽法則，在陰陽法則中如何達到陰陽平衡的有序循環系統運作，這是宇宙的回流法則。這股頻率的速度非常地快速，包括我們的想法、情緒也都在這種質能互換的法則裡面運作。相對的我們愛的能量一啟動、一流動，也是處在這種規律中運作，這是巨大能量波的回流法則。

　　我在情感這方面的個案非常的多，我在十年前就許下一個願望：幫助一百對冤親債主成為靈魂伴侶。這些我都做到了，也就是說讓這對男女從分離的邊緣，能夠回到比談戀愛時候還要好的一個狀態。對於情感，很多人都瞭解到一部電影叫做《鐵達尼號》，這部電影也就是在表達一個情感的事件，最後的結局我們都印象深刻，有句話說：「臺上怎麼演出，台下就怎麼演出。」我相信在情感這條道路上，類似《鐵達尼號》電影情節的事件很多。為何說情感是生命最大的一個主題？情感沒有理出來，生命是不會放過你

生命背後的真相
　　　身教　言教　不如胎教

的。所以說每個生命都是一部電影，我們都在看別人的電影，娛樂當下的自己。我說看自己的電影可以改變整個家族的命運，你相信嗎？

2016 年元旦，老子學院「黃金紀元・讓地球重返天堂」的重回漢唐慶典，當天我也化妝成漢唐時候的人物妝容和學員大家一起玩一玩。我告訴他們說：「我帶你們一起看自己的電影。」大家開心的不得了，看你自己的電影會改變自己的命運，看別人的電影不見得會改變自己的命運。我就帶他們去到漢朝、唐朝的時候去看自己的電影，看自己的電影不要以為那只是一個光點，因為生命就像一個宇宙的大時鐘，過去、現在、未來不斷地轉換，日出日落、花開花謝、春夏秋冬不停地輪轉。漢朝、唐朝那個時候的生命過程也在我們現在的身上繼續呈現，過去、現在等於是我們的左手和右手，雙手合十放在胸前回到心的中心點，就是陰陽合一，當下即是，重新開始，決不再犯同樣的錯誤，處在當下過去引力就與我們無關，影響不了我，電磁波就可以逃過黑洞的引力，所以引力與我無關。我們的處境都是意識創化的，當意識能完全掌握過去又不受過去所影響，能處在當下，那過去已經完全地消磁，因果輪迴對你而言已經不存在了。

情的連接進入到愛的波動，再進入到性合一，生命隨著這股氣流在流動，這是自然法則。當想法一來就從情跳過愛直接進入到性，情愛的課題就一直追

著你，讓你喘不過氣來，因為你已經落入了你自己生命過去的軌跡裡。一見鍾情是什麼？相信很多人也都有這樣的感受經歷，一見鍾情就是「觸電」，「電」就是生命的一股能量波，電子是以放射的形態呈現出的頻率。從靈性的角度來看，「一見鍾情」就是「我找你找得好辛苦啊，終於被我找到了」，更深入來看就是「冤親債主」。如何從冤親債主轉換成靈魂伴侶才是我們真正要面對的課題，要體驗的過程，要來達成陰陽合一，轉換頻率，各自遠走高飛，所以情關成為我們此生主修的課題。「不經一番寒徹骨，怎得梅花撲鼻香」。當你沒有意會到這個點，痛徹心扉、各自分飛就成為當下我們在生活中所看到的現象。我奉勸各位，情和愛是兩回事，當把情當作愛，你對情感就會有理不清的賬。情是電磁波在你的心中輕輕地劃過，不要去抓，不要去碰，你去抓去碰就會被電到，就像《金剛經》裡講的一句話：一切有為法，如夢幻泡影，如露亦如電，應作如是觀。

梁啟超問徐志摩：「你簡直是一個愛情的強盜、土匪，你是真的愛還是那份愛不到在作怪？」講穿了都有，還有的是那份刺激感在作祟，所以說「問世間情為何物，直教人生死相許」。情和愛是兩回事，情是什麼？情是一個電磁波而已，生命的電磁波；愛是什麼？愛是陰陽合一。人有一個盲點：很享受陶醉在淒美的愛裡面出不來，抓住一分美享受九分的痛，對

58　生命背後的真相
　　身教　言教　不如胎教

情愛的執著太可怕了。享受痛，為了不再痛只有捨棄享受，要不痛也只有放下抓取，要得到真正的享受必須看清楚你所抓取的是什麼。所以一切不敢面對之下只有痛，一直退縮的結果就是痛到骨子裡去。心靈的機制不需要知道你需要還是不需要，心靈的機制只管它的物理定理：作用力和反作用力，所以愛的頻率是不用教，也教不來，本來就會。

　　經過歲月的痕跡，歷史的變遷，又進入大道歸一的直達了。問世間道在何方，不必問愛是什麼，情為何物，談愛只在半路。直達源頭，必須完整直達到光愛水火，把愛全然給出去，就入道了，水才是源頭，水是道的代言。

個案一

　　她的家世背景非常好，家財萬貫，高不可攀，可是很奇怪，可以說她的靈魂每天都在外面流浪回不了家。總而言之，就是她內在的靈魂在到處流浪。她有小孩、老公、事業、財富，可是她卻沒有辦法安份在家。我引導她回到媽媽肚子裡：在媽媽懷孕的時候，媽媽還年輕不想那麼早就有孩子，所以懷孕的時候整顆心都在外面飄，心定不下來，心沒有在家，也就是胎教教導孩子外面多好玩。我常常說，靈性的成長最基本的要素，是要知道自己在想什麼，自己在說什麼，自己在做什麼，當你能從當下去覺知覺察到的時

候，靈性就往前跨越了一大步。可想而知，每天都在外面回不了家，整個家庭所呈現出是什麼樣的狀況？當然老公不缺女人，可怕的是，孩子在孩童期的耳濡目染當中，常常接收到大人的一些錯誤的言辭。

可想而知，經過面對再面對之下，她的靈魂終於回到家了，也成立了靈性機構協助迷路的靈魂如何回家。

個案二

情感和事業本來是兩條不相交的平行線，但是兩個作用力互相吸引、拉扯、糾纏，所以說情感是一切的主流。

我將她帶回到胎兒期，她看到精蟲非常地興奮，於是她就進入精子合二爲一，繼續往前走，她總是想著下一個路口總會還有比這個更好的，總是想著有更好的事情在等著她，但是卵子主動過來把她包起來了，她就抱怨了：「我還沒有看清它是不是我要的，它就把我包起來了。」她聯想到她的工作和男朋友，都是她還沒有看清楚之下就接受了，剛開始就感覺很溫暖而接受，後來又感覺到不是我選擇的，不是我想要的，可是又被包得很緊，感覺被束縛、不自由、很失望。在胎兒期還讓她看到一段很震撼的事，她看到偷偷摸摸地約會感覺很新鮮、很刺激，可是她又感覺到暗地裡偷偷摸摸的性愛很羞恥，在性愛裡面才能感

生命背後的真相
身教　言教　不如胎教

覺到自己是一個女人，性愛只是爲了讓自己看到自己
是一個女人，回到家都在吵架爭辯，感覺到自己被困
住了，被困在自己扭曲的價值觀裡面，所以情感成爲
一輩子的功課。

　　在胎兒期，每當父母在做愛的時候，她都感覺
非常地驚慌，不知道外面發生了什麼事，在任何時間
點下都非常在意別人的眼光，她就要證明自己很棒，
所以爲了讓別人仰著頭看自己，在這種情況下她無法
活出自己。她爲了證明自己是驕傲的，就要在自己頭
上加光環，那份表現、炫耀、證明，讓自己一直活在
陰影裡面。在產道期的時候，生命來臨的那一刻她對
未知充滿了興奮，很想衝出去，可是聽到外面的鞭炮
聲、叫喊聲，她的心很亂、靜不下來，全身充滿了激
情、熱血沸騰，不計後果地衝出去了，因爲她感受到
外面的身分地位會讓她感覺到熱血沸騰。要衝出去之
前，她感受胎心非常強，感覺已經準備好了，可以出
去展現自己了，她就激情翻騰地折騰了一下自己，結
果引起羊水動盪不安，在這個很不安全的環境之下害
怕出事，而且又擔心無法承擔，所以她就假裝睡著
了。安定下來之後，她又在找一種感覺，那就是愛的
感覺，女人被愛的感覺，愛的味道，這種感覺才能讓
自己安定一些。被愛的感覺和愛的味道裡面有兩種元
素：女性和男性的元素，也就是陰陽達到愛的合一，

共振頻率之下，愛的元素就會散發出來。她感覺這種味道，這種感覺會讓她的心非常的平靜清涼。

　　她看到整個胎兒期和產道期的過程，她完全明白了，生活中情感和工作搞得一團糟，最基本原因是在胎兒期和產道期，讓她無法全然真實地面對自己，無法全然地表達自己，因為她都在表現炫耀自己，她的表現炫耀也是因為自己活在自己的陰影裡，所以在情感、家庭關係方面，都臣服別人委屈自己，感覺自己不是一個好女人。整個胎兒期和產道期經歷的縮小版，在生活中變成她生命過程中的放大版，當一個人內在的靈性已經感受到不對的時候，恭喜你那就是要你面對自己、整理出自己的時間點到了，接下來順遂人生就在分分秒秒中等待著你，走過生命歷程的美麗靈魂，美麗的彩虹就因此而誕生。

　　靈魂和身體共同達到的頻率就是愛，愛是沒有任何條件的，接納是心本來的面目，給對方很自由的心，可以向身邊的所有人傳遞這份愛。當內心的光和愛強化出來，外界的一切都無法入侵，把自己身上的光散發給別人成為光的使者，最後成為美麗的彩虹。生命中所經歷一切的過程都是在喚醒自己，做回自己，誠實面對自己才能得到想要的自己，無法面對內心傷痛任憑誰也幫不了你，只有愛才能抹平怨恨的傷痕。

　　生命為了愛而來，為了愛而體驗，為了愛而歷

生命背後的真相
身教　言教　不如胎教

練。追尋所有，再卸下所有，只爲了那份愛的元素就是所有，才能擴大到一卽一切，一切卽一。

個案三

再一次地印證到什麼事都是自己要來的，什麼問題的發生都是自己需要的，靈魂不會白白地讓一個人去體驗一件事，都是要我們再次地去看到自己。只因爲在胎兒期渴望媽媽不要那麼劇烈地晃動，晃動已經讓胎兒身心靈無法忍受了，胎兒的那份渴望「不要動」在當時無法得到，於是「不要動」就形成了她一輩子的渴望，所以她從小到大就一直渴望「抱住我，不要動」的那份感覺。所以就一直想要在外面找男人的關愛，全身都是病痛，手、後背、脖子、膝蓋全身都是病痛。

當引導她回到胎兒期的時候，她媽媽的工作是每天都在一山又一山地走路，她在媽媽肚子裡感受到搖擺不定，動盪不安，心神恍惚。晃蕩讓她感受到沒有底，抓不到邊的感覺，覺得很反胃，心裡很顫抖，這份感覺就會形成她現在生活中常常處在這種狀態，也就是靈魂會用當時的感受，讓她在生活中把她當時的意識頻率轉換出來而已，否則身心靈都會得到受苦的感受。媽媽老是在走動，給她很不安全的感覺，讓她感受到喘不過氣來，心被壓迫得很緊，心是忽上忽下的。在這種情況之下就很想抓住一個東西，可是又使

不上力，當她感覺到力不從心的時候，整個人是軟趴趴的，全身很無力，什麼事也沒有辦法去做。在這種情況下，就渴望有人「抱住我」，於是就形成了她對情感的執著，這份執著非同小可。

　　讓她釋放這股負面能量的時候，她感受到負面能量的氣從她的眼睛、鼻子裡冒出來，在釋放過程中她大叫著說：「我走出來，我從執著的情愛中走出來了。」這個大叫是她內心覺醒之下對自己的感動，今生所有對情愛的執著就在這個時間點全部釋放出來了，也把心中的能量全部喚醒湧現出來了。她說本來想讓情愛留在這裡，就讓她的手、膝蓋、後背、脖子全身都不要動，因為怕動就會流失掉，渴望「不要動」就是在媽媽肚子裡渴望媽媽不要動的感受，就帶到現在生活中身體的這些問題，當把這些錯誤的認知與執著破解，自然還原出健康身體。接著生命的豐盛富足就自然形成了，就可以扎扎實實穩住這份幸福美滿。

　　所有的執著回想到美好的情境，不讓它流失掉，這份執著情愛的念頭就全部卡在她身體的這些問題點裡面。她終於明白了和媽媽在一起的關係不好，和媽媽在一起就想逃開，因為媽媽讓她感覺到很沒有安全感，也就是在胎兒期的感受非常地沒有安全感。當引導她明白了那份漂浮不定是自己的心在漂浮不定，當心定下來，身體降到最低點的時候就不會晃來晃去，

就會很安全了,所以說「境遇不重要,重要的是內在存在的狀況。」她也看到自己的整顆心都在外面找認同,找認可,放低自己,不要漂浮在空中,當她的心沉下來之後氣也就放走了,不管人身體哪裡出問題,都是那一股氣在作怪,當氣沒有辦法轉換釋放出來,當然就出問題了。所以個案她說:「只要心沉下來,那些氣就可以放走了,只要放寬心,不需要別人來保護,終於可以從執著的情愛中走出來。」這份執著是從胎兒期的那份渴望的無明所導致的。

有孕在身的準媽媽,只要把胎兒放在心中,常和胎兒處在同一個頻率,相信媽媽所有的行為,所有的動作,胎兒都可以感受到媽媽的愛,用這份愛孕育生命的成長。可想而知,寶貝來到人間生命的道路,是被滿滿的愛包圍著,走到哪裡都是愛的化身,這是我們每個人都很渴望的,在胎兒期就可以孕育出這樣品質的胎兒出來。

第八章
婚姻關係

個案

　　她婆婆不忍心看到兒子和媳婦的感情鬧到不堪的地步，就讓媳婦來面對這一段婚姻。有一次，她聽到老公在洗手間裡講電話，等老公出來之後要老公把手機給她，老公不給，她就在老公臉上打了八個巴掌，就和老公吵架，吵架嚴重到讓左鄰右舍都很驚訝。這是她所願意的嗎？人性本善，沒有一個人願意做出讓人驚訝的事，是內在深層那股沒有安全感的種子在起作用，這股作用力一旦出來，任誰都抵擋不住的恐懼馬上跟著湧上來，瞬間失去理智。認為解決問題最有效的方法是暴力，暴力是源自小時候暴力家庭之下的種子，當種子被啟動，是義無反顧的作用力，日積月累便形成了慣性模式，所以每當遇到問題，暴力就成為她下意識舊有的行為模式。

　　我引導她回到胎兒期：媽媽懷她的時候，媽媽受到很大的壓力，夫家的兄弟姐妹及左鄰右舍之間，都是生女兒沒有一個人生兒子，媽媽就很期盼這一胎是男孩，就去醫院做超音波檢查，希望看出是男孩還是女孩，醫生的儀器在媽媽身上滑來滑去，她感受到整個人赤裸裸地被監視，非常害怕、非常恐懼，結果醫

生命背後的真相
　　　身教　言教　不如胎教

生看了很久都看不出來，當時的她就騙醫生了。我就問她：「你是怎麼騙醫生的？」她說她把手指頭放在下體，結果醫生就檢測出來是一個男孩子，我問她：「你內心裡感覺到什麼？」她說：「感覺到非常的心虛。」然後媽媽就接著到寺廟去拜，媽媽非常的開心得意，終於懷了兒子，可以在左鄰右舍之間揚眉吐氣，到了寺廟之後，迎面走過來一位師父，媽媽就興沖沖地跑過去問師父：「師父你幫我看一看肚子裡這個孩子是男的還是女的？我剛剛去做超音波檢查，醫生說是男孩。」師父笑一笑什麼也沒說就離開了。我問她：「當時你感受到什麼？」她說：「非常的心虛。」心虛就是她生活中的狀態，這就是她命運的過程。

結果到了出生的那一天，她不敢出來，害怕被揭穿，可是不管怎樣還是得出來見父母，出生的那一刻是女孩，媽媽當時心情是失落、愧疚、沒有辦法揚眉吐氣，就把全部的情緒發洩在老公身上，所以媽媽和爸爸經常吵架，她每次看到爸爸媽媽在吵架都好心虛。在這個點上，她理解到為什麼她每次跟男孩子在一起都好心虛，因為她騙別人說自己是男生，她在媽媽肚子裡就撒謊，她自認為自己是男人身。我問她：「你是女人，那女人的本質是什麼？女人的本質溫柔、體貼、善解人意。」我讓她重複這句「溫柔、體貼、善解人意」。她非常地內疚，她說自己一點女人的本質都沒有。我讓她重新回到媽媽肚子裡，完全把

自己的位置導正過來，她告訴媽媽：「媽媽我是女的……」她哭到不行，也就是在勇敢地面對之下，才有辦法把自己真正地活出來，否則都不是自己，都是行屍走肉。當她勇敢地面對自己的時候，媽媽也勇敢地面對她自己了，媽媽也不再一定要生個兒子，媽媽也不執著一定要生男的，媽媽也哭著說：「女兒最好，女兒最好，女兒比什麼都好。」媽媽也放下執著了。

　　什麼都是相對性的，當一方執著，另外一方只會比你更執著，當一方柔軟了，另外一方比你更柔軟，這就是頻率的條件反射。從此之後，她過得很坦蕩蕩，再也不心虛了，回到現實生活中，她知道自己的角色不是男人是女人，拿回了女性的本質：溫柔、體貼、善解人意。過了兩個禮拜，她婆婆來看我，我問她婆婆：「最近兒子媳婦怎麼樣？」她婆婆說：「太棒了，完全想像不到夫妻圓滿，感情非常好，婚姻非常順利了，真的是功德無量。」我說這只是讓她們看到自己而已，所以，生命的過程最難得就是看到自己，因為人都在往外看，都在看別人而不看自己，當真的看到自己，智慧、真理也就一一地湧現給自己了，這就是生命的可貴。勇敢面對自己，回來看自己。

第九章
疾病關係

個案一

　　這是我 2012 年從上海回到臺灣後的第一個案例，當時我正出一本書，一位出版社的朋友來找我說：「鈺珍老師，我有一個朋友他的小孩才兩歲，但是動手術的次數有 10 次了。」我嚇了一跳，我問他說：「這個孩子有什麼問題？」他說：「醫生說染色體出了問題。」我聽了很高興，我完全掌握了他的問題。過了兩天這個兩歲孩子的媽媽就來找到我，我就透過媽媽來療癒這個兩歲的孩子，個案引導下去：當時媽媽懷孕的時候，在工作上發生了一件事情，媽媽被同事誤會，也等同於是胎兒被誤會了，誤會就延伸出了這麼大的問題，為什麼一個誤會就延伸出這麼大的問題呢？因為靈魂要迫切地拯救自己，所以讓事件全部壓縮在一起，解開過去的心靈牢鎖，讓自己生命得以從中解套出來，快速地拯救自己。

　　胎兒出生的時候也被誤會了，他被醫生誤會沒有肛門，當時我引導她，他說：「再等我一下就打開了。」過程中還有很多身體上疾病的誤會非常多，包括眼睛、頭部、心臟很多部位都被誤會，所以延伸到這個小孩從一出生就開始動手術。幫她做完胎兒期的

整個療癒之後，隔天媽媽又來了，她向我說：「太不可思議的事發生了。」我問：「什麼事？」她說她老公是美國最高端的大學畢業的，竟然為了一個孩子提不起勁，沒有辦法好好地從事他的事業，整顆心都被孩子困住了，可想而知，天下父母心。當對孩子做完療癒，當天媽媽回到家之後，她老公對她下跪、大哭、後悔、懺悔，這把她嚇到了，因為這是從來都沒有過的事，老婆的面對，老公的靈魂也被喚醒了。隔天孩子必須去醫院做複檢，醫生對媽媽說：「太不可思議了，發現孩子跟之前都不一樣。」媽媽問醫生：「有什麼不一樣？」醫生說：「之前給孩子講什麼他都聽不懂，可是今天對他講話他全部都懂了，怎麼一下子變化這麼大？」媽媽沒有做太多的解釋。過了幾天之後回到醫院，醫生再做詳細的檢查，醫生很驚嚇地說：「很奇怪，孩子需要做的醫療症狀全部都好了，怎麼回事？」媽媽也沒有做太多的解釋。媽媽後來對我說：「這段心靈個案療癒太不可思議了，孩子的問題全部都好了。」

這就是靈性的力量，靈性力量的啟動，對身體機能的恢復速度是我們人類思維無法想像的，因為一切都是靈性在指導著物質，身體的問題也就是心靈出現了問題，身體的問題都來自於心靈負荷已經不想再承載了，想解脫了，通過疾病發現靈性的存在是很妙的事。沒有解不開的題，只要我們勇敢面對，都有辦法

生命背後的真相
身教 言教 不如胎教

找到因素的存在，從因的基本上去解開，就可以得到很大的轉換及改變。不只是孩子改變了，老公、公公、婆婆也改變了，整個家庭的氛圍全部都改變了。

半年之後，這位媽媽打電話給我說：「過兩天兒子要開刀。」嚇了我一跳，我說：「不是都好了嗎，為什麼要開刀？」她說：「老師，你誤會了，這個手術本來是要做的，只是當時兒子的身體狀況非常差，就沒有辦法去做這個手術，也就是經過那次療癒之後，兒子的身體狀況恢復得很好，所以現在有條件去開刀了。」我問她：「要開什麼刀？」她說：「瓣膜發育不完全，輸尿管開口沒有關，這些必須要動手術。」當我聽到這些之後，對媽媽講了一句話，我說：「開刀不是解決問題的唯一辦法。你願不願意再一次面對自己？」媽媽非常地信任我，她也願意再一次地面對自己，我用了 3 個小時的時間，幫她找到了為什麼孩子輸尿管出了問題產生瓣膜發育不完全而要動手術的原因，相應的是腎臟出了很大的問題。

我把媽媽引導到兒子前世當初那個事件點：是因為他的情感關係，他不聽父母的勸說，和女朋友私奔了，經過了幾年之後，聽說父親身體出問題快不行了，他騎著馬連夜趕回家，為了要盡孝道，彌補自己內心的那份內疚、衝動、自責，最後回到家完成了他的心願。我問他：「在你連夜奔跑當中發生了什麼事？」他說：「連喝水都沒有，怕來不及。」我說：

「那排尿呢？」他說：「連排尿的時間都沒有。」所以一天一夜的奔波趕路，沒有排尿之下輸尿管的尿液就往上逆流，腎臟出現了問題，憋尿憋得輸尿管都變形了，輸尿管和膀胱的開關整個都鬆弛了，所以才瓣膜發育不完全。

　　小時候所發生的問題，疾病源自於更早的時間點所帶過來的影子和資訊，也是爲了在今生的時間點可以得到療癒，可以重建生命，可以讓生命活出來，可以不受過去陰影的干擾，能夠重建自己，這才是療癒眞正的目的。隨著整個療癒過程談到他身體的問題，他根本沒有病，他的病是被誤會而來的。至於身體的問題在這個過程中也得到釋放和轉換，頻率完全發生改變了，我作爲一位引導師，我完全可以掌握他的頻率、資訊、狀態。三個小時的療癒之後，我告訴她：「沒事了，不用開刀已經好了。」她說：「眞的嗎？眞的不用開刀嗎？」我說：「不用，全部都好了。」她說：「可是家人不會同意的，何況這個醫生很權威的醫生，很不容易才排到的，不去嗎？」我說：「我已經說了孩子已經沒病了，至於要不要去你自己決定。」

　　隔天她還是要帶著孩子去醫院要開刀，孩子已經上了手術臺做了全身麻醉，正準備開刀，當時她很難過、很傷心，媽媽跑到洗手間去大哭，突然間聽到廣播傳來聲音：「某某的媽媽，請你趕快到急診室手術

生命背後的眞相
身教　言教　不如胎教

房，這裡有急事找你。」當她聽到這個廣播聲音的時候哭得更大聲，她以為孩子出事了就跑到手術房，醫生告訴她說：「要劃下這一刀的時候，醫生又做了一次的全身檢查，發現不用開刀了，他的輸尿管問題、瓣膜發育不全的問題以及腎臟的問題已經全部都好了，不用開刀可以帶回家了。」當她聽到這樣消息的時候，她感恩的淚水流了下來，把孩子帶回家後，很奇怪孩子很快就醒過來了，體質和以前完全都不一樣了。她帶孩子回到家就打電話給我，她用喜悅尖叫的聲音說：「鈺珍老師，你知道發生什麼事嗎？」我說：「我不知道。」她把情況一一地告訴我，我說：「我不是已經全部都告訴你了嗎？全部都好了，你還不相信。」她說：「真的很感恩你，孩子一切都正常了，一切都過去了。」

　　所有的問題都只是一個現象，只要我們能知道基本的原因，這些現象就都可以不存在。問題就是答案，答案在問題裡面，這些問題都是夾帶著智慧給到我們。生命就是一場體驗，生命就是一場體驗的過程，所有體驗過程的感受可以啟發喚醒、洞見真理智慧，意識就擴展開了，就從過去中再次活出來了，就不受過去所發生事情的拉扯。這個個案的經歷也活生生地讓我們再次地見證到千萬不要憋尿，不要讓垃圾回流到身體，代價太大了，「身體髮膚受之父母」好好地愛自己等於孝順父母。不要讓父

母擔心叫孝順，不要孩子替我們操心叫愛孩子。活好自己比什麼都重要。

個案二

　　一對夫妻帶著一個女兒，女兒已經 30 歲了，女兒智障程度很深，連穿衣服都無法自理，所以到處在尋求不同的管道、通道幫這個孩子重建生命的光明。來到我身邊的每一個個案，對於這些覺醒的靈魂我有責任讓他們看到自己，喚醒自己的生命。我請爸爸先回去，然後就請媽媽帶著這位 30 歲的女兒到療癒房，我就和她女兒坐下來聊一下，結果才發現我講話她聽不懂，她講話我也聽不懂，療癒很難進行，但是有一句話我聽得很清楚，她女兒說：「有人要砍我的頭。」她媽媽說：「沒有啊，她每天就這樣亂講話。」我對媽媽說：「不是的，這句話透露了全部的資訊在裡面，我和你女兒沒有辦法達成一個平面的溝通，那是不是請爸爸把她帶回去？我通過你來幫女兒做療癒。」她說：「不行不行……。」我說：「為什麼不行？」她說：「我每天晚上都沒有辦法好好睡覺，所以我精神體力都不好，沒有辦法幫助女兒做療癒。」我說：「發生了什麼事？」她說：「女兒每天三更半夜就來吵我們，吵著說要結婚生小孩。」我說：「太好了，這些全部都是資訊，既然你是為了女兒的事沒有辦法睡覺，你就有辦法達到療癒女兒這份能量的引導。」

生命背後的真相
身教　言教　不如胎教

引導下去才知道問題出在媽媽身上，所以常講孩子的問題都出在父母身上，孩子都在反應媽媽的心靈狀態，只是讓自己看到自己的問題而已，都是友善的靈魂要來協助我們生命成長所扮演出的整個生命過程的角色，當看到這個角色是錯誤的扮演就可以讓它成為過去，生命就重新啟航了。

　　女兒的問題發生在胎兒期，當時的爸爸媽媽還沒有結婚就懷上了孩子，就把孩子拿掉了。後來結婚後又懷上孩子了，因為經濟還不是很穩定，所以不想這麼早有孩子，就把第二個孩子又拿掉，這個拿掉的過程，就是剛才女兒透露的資訊「有人拿刀要砍我的頭」。這樣的過程造成了孩子內心產生了很大的仇恨、怨恨、埋怨等不平衡地對待關係，當內心有不平衡地對待關係的時候，這個力道要釋放出去才能達到平衡，就來報復父母，所以第三次又來投胎了，這份報復心就來投胎成為她的女兒。生下來的過程也產生很多的波折、折磨，生產那一刻孩子就不願意出來，就是要折磨報復媽媽，要讓媽媽不得安寧，生產過程經歷了很大的波折。孩子上了小學，智力低下，上課聽不懂，功課也沒有辦法做，後來老師也勸父母把孩子轉走，說她不適合上學，建議轉到特殊學校去，父母也動了很大的心思，順利地把她轉到特殊學校，可是一陣子之後，老師又請父母去，說這孩子不適合上學，請把她接回去。父母從小到大對這個孩子的照

顧真的是無微不至，孩子生命的過程只是爲了那份報復的心：「一而再，再而三地不要我，我就要讓你好看」。

　　每天半夜吵著父母說要結婚生小孩才是最大關鍵，我就開始清理媽媽她從小到大心靈負荷的過程。引導下去發現：當時7歲的媽媽有一次在玩耍，聽到哥哥的喊叫聲：「快來幫忙，有一隻老鼠在偷吃米缸的米。」所以媽媽就過去了，手上拿了一個鐵鏟壓住老鼠的頭，我說：「你是怎麼壓的？」她說：「使出了全身的勁壓死它。」我說：「你這樣做的時候看著老鼠的眼睛。」她大叫：「天啊，這老鼠的眼睛就是我女兒的眼睛。」我說：「你明白了什麼？」她說：「我女兒就是這隻老鼠來投胎的。」我再問：「你如何壓死它的？」她說：「使出了全身的力。」她終於明白了，她說：「我使出了全身的力在照顧她，撫養她。」這就是平衡法則，她必須看到這個點她才能全然地真心接受有這樣的孩子，這件事才有辦法從她內心全然地放手。進入臣服法則的體驗系統，百分之百地接受這件事的到來，沒有情緒的波動，只有體驗，才能走出舊有的信念系統，進入全新的信念系統，生命的改變是從此時此刻發生的，生命意識才真正地感受到愛、喜悅和自由，全家的意識頻率、能量狀態就全改變了。

　　我再引導她：「當你把它壓死之後，接下來發生

生命背後的真相
身教　言教　不如胎教

了什麼？」她說：「哥哥就把老鼠掛在牆壁上。」我說：「你去感受它。」她去感受到了，她大叫了：「老鼠的肚子裡有小老鼠。」老鼠還來不及當媽媽就一屍兩命，她大哭懺悔，她完全瞭解了身為母親對孩子的那份愛，所以她才知道什麼是愛，如何去愛，如何去愛所有的存在，如何去愛萬事萬物所有的生命？完全地喚醒她內在的愛，她非常的感動，非常的感恩。然後我讓她去理解，為何孩子每天晚上跑來吵你，她完全瞭解了，因為它還來不及當媽媽，她這條命就沒有了。

　　我引導女兒來面對她自己，我問她：「整個過程是因為你報復的心所延伸出來的，報復的結果是什麼」她說：「報復的結果太痛苦了，最終是報復在自己身上，把自己搞得人不成人。」我說：「那你還要繼續下去嗎？」她說：「不要了，到此為止。」我再問：「那你可以理解整個過程你父母對你的用心了嗎？」她說：「完全感受到了。」她內心裡完全地平衡了。

　　媽媽替女兒療癒的個案完成之後，第二天個案打電話對我說：「太不可思議了，當天回到家，連老公都改變了。」這就是靈魂意識波動的量子效應，頻率的共振作用。一回到家發生了從來都沒有發生過的事，老公給她泡茶，做晚餐，她說結婚 30 多年從來沒有幫我擦過鞋，他連鞋子都擦得乾乾淨淨。更不可

思議的是，那天晚上孩子再也不來吵，第二天早上起來看到孩子在打坐，打坐完還對媽媽說她現在的心非常的清涼平靜。過了一個多月，我從臺灣打電話給她，我說：「最近怎麼樣呢？」她說：「鈺珍老師，我不知道要怎麼來報答你，孩子現在非常的好，一切都恢復到正常的狀態，也會做家務，準備去上班，開始找對象結婚。」我說：「把你做媽媽的角色做好，就是對我最大的報答了，祝福你們全家幸福、美滿、快樂。」

萬千法門，法無定法，所有的法只爲了渡一個心，沒有了這個心哪需要這麼多的法。報復的心都報復到自己身上，所以說，外面沒有別人都是自己，一切都是自己做給自己的。當下的覺察轉換頻率，過去就拿你沒辦法，「當下即是，過去心不可得，未來心不可得，現在心不可得，只有當下心，重新出發」是最高的修行法門了。

個案三

他患有糖尿病，糖尿病是因爲血糖升高的問題，跟胰臟有關係，是因爲身體在表達我們自己的自控能力，也就是說當發生一件事情，能量到達最低點的時候，爲了要平衡身體就讓血糖升高，所以就產生了糖尿病，我們就要以靈性的角度來看待這個問題。

追溯到他孩童時期，他很想要一個玩具船，船上

面有旗幟，他就每天去打零工，用掙來的錢去買了一艘很心愛的玩具船，在家門口的大水缸漂著玩，大人從外面回來看到孩子在那裡玩，大人開口罵孩子，甚至動手將他玩的這艘玩具船打翻沉到水裡，他看著旗幟往水裡沉下去。我說：「你當時的心怎麼了？」他說：「我的心也跟著旗幟一樣往下沉。」當時他心裡想：「我非常不容易才擁有心愛的東西就這樣不見了，整顆心都沉下去了。」這顆心沉下去的速度是他完全沒有辦法控制的。

在個案面對的過程中，我看著他整個人躺在地上抽筋啜泣，可想而知，他內在靈魂的那份失控的感受是我們沒有辦法想像的，大人的一個小小的行為，竟然能夠引發一個孩子內心深處的失控。在他生命的過程常常被忽視，不被重視，就會投射在一件事情上，讓他會很重視，那是內心的補償作用。他把全部的心血寄託在這艘船上，而船又被毀掉了。他整個不被重視的歷程也是他在胎兒期所產生的一個媒介所致，當時媽媽懷他的時候營養不良，媽媽擔心肚子裡的孩子太小了，媽媽到了婆婆家去表明她的立場，她想要補充一點營養給肚子裡的胎兒，但是受到婆婆的冷嘲熱諷，媽媽也感受到不被重視，肚子裡的胎兒也感受到不被重視，無功而返什麼也沒得到，從這個點上找到了療癒的基本原因。

結束這個療癒回去之後 8 個月內，再也沒有發生

糖尿病的現象，血糖全部恢復到正常值範圍內，8個月之後他又來找我，他說糖尿病又偏高了，我說這就要到更早之前去才能一勞永逸，我再協助他往生命更早之前找到基本的原因。

他是一朵蓮花，蓮花綻放在那裡受人欣賞，有一次就被人摘走了，摘走蓮花的人回到家把蓮花插在花瓶裡，我問他：「你怎麼了？」他說：「他沒有尊重我，沒有經過我的允許就把我摘走了，所以我就不願意綻放自己，所以蓮花插在花瓶裡沒有綻放就枯萎了。」當他被摘走，感覺生命綻放的光彩被拿走了，感覺自己很沒有用。我讓他重複這句話，我說：「你聯想到什麼？」他說：「現在生活中也常常被笑很沒用。」

又牽扯到一個基本的原因所在，也就是他在小學的時候，爸爸為了他的前途把他送到姑姑家去，在城市裡面學習、擴展視野，可是沒有經過他的允許，他感受到沒有被尊重，生命也是要有一份彼此的尊重，他看著爸爸的背影就這樣離開了，他的內心表達不出來那份感受。姑姑和姑丈每天去上班只留他一個人在家，他每天就跑到火車軌道旁邊去看火車，心想我只要上了這列火車就能回家，可是沒有錢坐火車，我問：「那你吃飯怎麼吃？」他說：「也沒錢吃飯。」火車軌道旁邊有一個賣餅的大叔，每天都會拿一塊餅給他吃。有一天，家裡有事，姑姑要他去很遠的地方把姑丈找回來，拿了兩塊五給他坐車，坐車的時候發現要

生命背後的真相
身教　言教　不如胎教

三塊五，他只有跑著去，跑到氣喘如牛，上氣不接下氣，汗流浹背，終於見到了姑丈，表明了他這一趟的用意，姑丈看到他，很不忍心的抱著他、安慰他、鼓勵他，姑丈就成為他內心很大的寄託對象，靈性力量寄託的渴望就會往寄託的方向連結，形成相同的頻率。

有一次他親眼看到姑丈和姑姑在吵架，姑姑罵姑丈：「你真沒用！」這句話觸動了之前那朵蓮花的那句「真沒用」，全部都連結在一起，種子也延伸到他現在生活當中也常常被罵「真沒用」，內心失控的情緒就會出來，所反應給身體的感受就是血糖又升高了，也就是其中的一個因素。

一個事件的產生都有三個具足的條件：姻緣具足、時機成熟，條件吻合，種子就開花結果了，種子蘊藏了很大的能量，我們面對問題就是要把能量轉換成智慧給自己，把這份生命力還原給自己。看到這整個過程之後，基本原因又找到了，後來我又做了追蹤，過了五年之後又聯繫到他，我問他：「現在糖尿病好了嗎？」他說：「好了，從那次之後就再也沒有血糖問題了。」因為過去作用力全部釋放出去了，所以就再也沒有爆發，都已經產生平衡，產生平衡就已經療癒了，就不需要再凸顯它的存在，它已經不存在了。情緒釋放完之後智慧就打開了，他說：「我的根還在，只要我的根在，我的心就還在，花隨時都能綻

放出來。」只要根在生命就還在，只要心在就沒有什麼做不到的事，一切為心所造，一切都是靈性的力量所產生出來的現象。蓮花隨時可以綻放，生命隨時可以綻放。只有找到內心深處那份價值觀的扭曲作還原，只要喚醒那份內心力量的歸屬感，只要解開心中的那份心有千千結。病只是心打結而已，心結解開，身體就恢復正常的機能運作功能。

目前已經到了新時代，不得不走心的時代，已經到了心力的時代，凡事必須先回到心，再從心出發，那份力就出來了，越走越深沉，意識的高度就越高，走入到心意識到位的人生，絕對是在不偏不倚的中庸道上，「道不離心，心不離道」像圓規一樣的心穩穩地紮入，從點到線滲透到整體裡面，就如我常說的一句話：「先回家，再出家。」用心生活都是好心情，都是和諧的生命，心有愛的溫度，自然放下大腦，外在的世界就完全不一樣了。

生命背後的真相
身教　言教　不如胎教

第十章
家庭關係

　　有一次我在上海某一個機構演講，講座完了之後聽眾來賓紛紛離場，此時我看見一位笑咪咪的小帥哥，大概 10 歲左右的年齡，我朝他走過去。這是一對父子來聽我演講，這個小帥哥揮著手對我說：「爸爸常帶我去聽一些演講，都是聽那些大學教授講道理，對我來說一點用處都沒有，只有今天這場講座最有用，我覺得這個才是真正有用的。」我便對他笑了笑，我走到孩子的父親面前，孩子的父親也朝著我笑，我問孩子的父親：「怎麼了？」孩子的父親回答我說：「十幾年了很痛苦，家庭事業一團糟。」我輕輕地回了一句話：「你的情感需要整理，是你的情感出了問題。」我這句話直接點到他的要害，父子頻頻點頭，孩子的父親便問我：「要怎麼辦？」我回答他：「要解決問題需要看到問題出在哪裡。」他問：「有什麼方法？」我說：「你必須通過面對自己是最快速地覺醒並改變自己的途徑。」他說：「願意。」我就請心靈顧問替他安排面對自己療癒的時間。心靈顧問說：「鈺珍老師，沒有辦法，你這一段時間都被排滿了。」我說：「不管怎麼樣，無論如何這位父親的時間排進去，因為我們看到一個很痛苦的靈魂想要找

到生命的出口，我們就要幫助一位想要覺醒的生命重生。」

在第一次約定的時間裡，我替他足足做了 8 個小時的引導面對療癒，一個年齡將近 40 歲的大男人，既是高級知識分子，又是好幾家企業的老闆，又是一位醫生，就這樣毫無保留地敞開心胸坦然地面對自己生命的林林種種，那份面對的勇氣實在令人佩服和感動。他說：「這十幾年來一個人帶著孩子，各方面一團糟真的是身心疲憊，很痛苦又求救無門。」八個小時的面對在敞開心胸侃侃而談中度過了，結束之後我指著滿滿的垃圾桶對他說：「這就是你今天的成果。」他笑著說：「心裡真的好舒服，可以將過往的苦、痛好好地傾吐出來，真的很痛快。」這個父親告訴我說我幫他做的情感主題是他人生最大的課題，他看到自己不敢去承擔責任，以為離開可以解決問題，以為分手可以心安，以為愛上另一個女人可以讓自己忘掉另一個女人，他知道這一切是完全錯誤的。

我引導他將這些瞭解到的心聲向過往的女朋友一一表白，並請求她們的諒解，奇妙的是他的那些女朋友也紛紛將當初過往心事整個揭露出來，雙方心中的糾結一一化開來，心中無比地開心與順暢。在第二次引導面對之前，他對我說：「這真的太不可思議了，昨天面對完回到家之後，晚上電話接不停，原來是以前的女朋友一一打電話來，有些好多年了，有的

生命背後的真相
身教　言教　不如胎教

是四五年沒有聯絡了卻忽然來電，想不到昨天的面對竟然產生那麼大的效應。」那是因為對方的靈魂也感應到了。對方靈魂也透過你的面對，她也在面對她自己，雙方得以解鎖了。

引導他回到工作上看到過去他在公司與股東之間的模糊關係，也是他感情事件的翻版，他不敢承擔董事長的責任離開了這家公司，又在外面開了新公司，以為離開可以解決問題，結果在新公司還是一樣遇到相同問題，於是他又離開去外面再開家公司，結果和情感一樣一團糟。面對完之後新公司的股東也一一來電，而他也勇敢地一一面對他的責任，他將自己的問題坦然攤開來講，並得到股東們的瞭解，最重要的是他知道如何才能真正解決事業上的問題，不是離開而是面對，承擔該承擔的責任。

第二次的引導面對，我引導他將親密愛人關係、父母關係、親子關係通過愛的金三角全部整理出來了，心裡開心的不得了，他就直說，鈺珍老師你有什麼需要，他一定義不容辭，我說下個禮拜有一場講座，希望他能夠現身說法。正好講座這天他在公司運轉著重要事，他卻依然請他的司機將他送到講座的現場，通過這位父親的現身說法，我才知道溝通引導完之後，兩性之間的生命產生巨大的變化，他朋友都不敢相信，是什麼力量讓一個狀態如此糟的人完全地反轉，其實我心裡明白那是什麼。

第一天的引導主要是讓他面對情感及事業問題，第二天就讓他回到孩童時期去面對他與父親的關係，同時讓他對照現在和兒子的關係，個案看到自己不負責的態度投射到現在兒子身上，忽然間恍然大悟原來這就是鏡子原理，你的孩子所有的態度和行為都是你心靈的投射，所以說孩子的問題都在大人身上，第二次的引導完完全全讓他瞭解自己的問題也徹底化解了心結。我提醒個案，知道之後還要在生活中切實地做出來，他也非常認同，於是他回到家也打了電話給他的父母親，接電話的是個案的媽媽，媽媽相當地開心，因為個案從來沒有給家裡打過電話，同時媽媽還告訴他：「爸爸今天很奇怪，今天一直嘮叨著要去菜市場買菜買肉回來想要燉一鍋你最喜歡吃的菜，看你何時回來吃，這是從來沒有過的事，正好你打電話回來就跟你爸爸說一下吧。」於是個案將他在引導面對中看到他與父親之間的問題一一地表達出來讓爸爸知道，原來當時爸爸因為望子成龍而責備了他，但那時的他無法體會爸爸的用心，於是用斷章取義，自我偏執的想法扭曲了真正的事實，讓自己的生活處在偏差錯亂中。他對爸爸說：「對不起，我誤會你了。」爸爸聽到這裡也哭了，他完完全全瞭解了爸爸的苦心了，天知道爸爸等這一刻等了幾十年了。

　　在這裡同樣身為母親的我要公平地說一句話：「愛沒有錯，錯的是方法，使用錯誤的方法所給予的

生命背後的真相
身教　言教　不如胎教

愛反而會造成心靈難以彌補的傷害，還好有這一套『轉識成智，翻轉生命』的療癒引導技術可以還原生命的真實面貌，重新修復關係。」他爸爸說積累在心中幾十年的心結終於可以放下了，這位個案也因為自己勇敢地面對他與父親的關係，這份覺醒的能量投射到現在兒子也完全改變了，也就是說當爸爸覺醒了，兒子就可以不用再扮演爸爸的影子了，因此也可以說心靈的磁力已經消失不起作用了。

　　他的兒子成績常常都是落在最後兩名，由於父親求好心切經常對兒子責打，然而不管怎樣的打統統沒用，反而讓父子彼此之間產生對立，就當父親認識到自己才是一切問題的本源的時候，只有面對自己並負起責任才是關鍵的時候，奇妙的事情發生了，兒子竟然考到從來沒有過的高分，本來對立的父子關係像哥倆一樣一起在家看電視，兒子的手還會主動裹著父親的肩膀討論問題，體貼地說：「爸爸你好辛苦，我幫你掃地、燙衣服。」個案說以前兒子回學校的時候是將他燙了的衣服揪成一團塞進書包裡面去，現在則是會另外拿個袋子將燙好的衣服折疊裝好。以前一星期才打一次電話回家，現在則是每天打兩通回來聊天。

　　想不到短短幾個小時的引導面對療癒，竟讓他的人生產生這麼大的變化，回到事業上的他也是面對不閃避，事情超乎意料之外進行得相當順利。以前睡眠品質很差的他開始天天好眠，完全過著不一樣的人生

了。這個個案是情感的問題反射到事業的問題，投射到親子關係，是一模一樣的一個過程演變。

這個過程中也引導他喚醒還是實習醫生時候的整個過程，他在當實習醫生的時候手裡有一個患血癌的5歲小女孩，那一天來到這個女孩生命的關鍵時刻，這個小女孩只要能夠熬過這個晚上危險期就過去了，如果過不去這個小女孩就不在這個世界上了，我問他：「那天晚上怎麼了？」他回答我說：「非常地緊張，非常地害怕。」我問：「害怕什麼？」他回答：「害怕她會死在我手裡。」我又問：「死在你手裡會怎樣？」他回答：「被人瞧不起，以後日子怎麼過？」原來怕別人瞧不起才是他心理的障礙點，我繼續問：「那接下來呢？」他說：「我告訴我的教授那個小女孩恐怕不行了……」本來教授是在休息的，之後教授也來到病房探視小女孩，可是探視完小女孩之後又回到休息室睡覺了，完全把責任全部丟給了他。他心裡充滿了緊張、擔心、害怕，等等的壓力壓得他喘不過氣來，對應到他現在生活中也常常會有這種莫名其妙的壓迫感。整個晚上他一直寸步不離守著小女孩，眼睛連眨都不敢眨，雙手緊握著聽診器不敢鬆手，生怕一鬆開手小女孩就沒命了。

我讓個案一直重複經歷這整個過程，釋放積壓在他身體裡的各種壓力，然而就在完全釋放壓力的同時，個案心中產生了一個領悟：生命中不管發生什麼

生命背後的真相
身教　言教　不如胎教

事都要承擔起責任，不管有多難都要面對，不要鬆開手。當個案不斷地重複這段話的時候他自己哭到不能自己，也就在當下他的責任完全地被喚醒，對照到當今他的事業、感情問題明白了該怎麼處理，原來都只要有心面對，問題就不再是問題。

他說小女孩之後平安地醒過來也出院了，事情終於過去了，神奇的是我引導他與女朋友問題的時候，其中一個女朋友有了小孩，在做人工流產手術的時候，他在心靈深沉當中發現這個被拿掉的孩子竟然是之前他擔任實習救回的血癌的小女孩，這個小女孩為了要感謝他救命之恩，想來當他的孩子回報他。於是我又引導讓他與血癌的小女孩彼此表達，互相表達彼此的立場、想法和感受，直到雙方完全的釋懷。

個案害怕被人瞧不起是怎麼回事？在引導到小時候所看到父親對他的痛罵、痛打，當他回到事件現場重新瞭解經過，已經明白為人父母這樣做的理由是什麼，足以把他的意識在小時候的「地牢」裡面拯救出來，也就是和父親的關係完全地改變了，事情就圓滿地落幕，也重新感受到生命原本的那份愛、喜悅和自由。要改變別人是不可能的，必須要改變自己，當你改變之後你會發現到你周圍的一切都改變了，包括你整個家族全部都改變。公司一個換了一個，女朋友一個換了一個，換這麼多都沒有意義，真正要換的是我們心的意識高度與頻率。這個個案的整個過程都來自

於壓迫感，壓迫感導致了他為了要逃避壓迫感而演變成不負責任，壓迫感都來自於胎兒期在媽媽肚子裡所形成的。

我們常常看到生命當中有很多人對父母都有扭曲的價值觀存在，扭曲的價值觀必須要還原出來，否則生命的完整性還不夠。所以面對的這份勇氣就顯得特別地重要，也祝福天下所有的父母孩子都能夠圓滿地解開心裡的心結，走上更順暢的人生道路，還原出愛、喜悅和自由的生命本質，內心那份平衡與和諧真實感受在其中，生命的豐盛富足就在你的掌握當中。

圓滿家庭是圓滿一切的基本要素，家庭不圓滿，任憑外在有多麼的風光內心還是有缺陷的。家庭有了缺角，最後生命會把你打回原形來補足這個缺角。當補足了內心的缺，內心就完整無缺了。

第十一章
難產和剖腹產

個案一

　　這個媽媽被我做過個案，所以非常相信我，她也將 20 多歲的兒子帶來要我協助孩子整理生命，否則媽媽也心疼又不知道如何是從。我就直接引導他回到媽媽生產他的整個過程。我說：「媽媽在生你那一刻發生了什麼事？」他說：「難產。」我說：「媽媽當時怎麼生你的？」他說：「胎位不正，腳先出來，醫生就去拉我的腳，結果醫生拉不出來又把我的腳塞回去了，拉不出來就再塞回去，醫生把我的身體在媽媽的子宮裡面轉了幾圈，當時我感受到這孩子今後的命運該如何走啊？」我問他：「當時你怎麼了？怎麼拉不出來？」他說：「臍帶套在脖子上，頭被套住了，這種拉扯的力量非常難受。」他說：「怪不得我無法戴項鍊和穿高領衣服，只要與脖子有關係的都幾乎要我的命。從小到大感受到很多事情都是拉拉扯扯，非常的難受，拉拉扯扯這樣的人生旅途真的很辛苦。」

　　醫生又把他的腳塞進去，還是拉不出來，感受到整個脖子都要被扯斷了，醫生就放手把他的腳露在外面，我問他：「你感覺到什麼？」他說：「感覺到全身非常的冷。」我再問他：「你的體質怎麼樣？」他

說：「非常的怕冷。」我在這個點就直接讓他改變怕冷的體質，我再問他：「接下來你仔細聽，你聽到了什麼？」他說：「聽到醫生在商量說該怎麼辦？」我問：「你感受到什麼？」他說我感受到我的命運操縱在別人手裡，我無法主導自己的命運。怪不得我從小到大都要聽別人的，由別人來安排我，我沒有辦法來主導自己的命運。醫生說就只好剖腹產，醫生打了麻藥，雖然麻藥打在媽媽的身上，但是我也感覺到全身的肌肉全都鬆垮掉，加大麻藥的劑量，我的腦部徹底的空掉。醫生拿了一個刀片劃開媽媽的肚子，雖然是輕輕地劃開但是嚇死我了，只差那麼一點點就劃到我了，醫生剝開肚子看到我了，醫生說再遲一點就沒有命，因為臍帶套在脖子上了。

「再遲一點就沒命」這句話深深地烙印在他的心裡，成為他生命當中很大的一個印痕，不管他從小到大做什麼事都是匆匆忙忙，因為再遲一點就沒命。我讓他釋放這顆匆匆忙忙巨大恐懼的種子，他釋放到全身的衣服都濕透，也就是讓他的水分子結構重新整合排列，細胞記憶重新轉換頻率就可以改變一個人執著改變的命運。「再遲一點就沒命」這句話真的是要了他的命，醫護人員在孩子出生的那一刻說的每一句話對孩子來說都是在判他刑，所以醫護人員說的每一句話都要很小心，我們都出於一份愛，可是有時候太

生命背後的真相
身教　言教　不如胎教

直接之下反而成了傷害，我們自己都不知不覺當然就無解。

　　醫生兩隻大手伸過來，嚇死我了以爲要抓我，只是要抱起我，媽媽對著護士說：「我家老公從難產到剖腹產已經在外面等很久了，請抱去給他看看。」護士抱著我到門口給爸爸看，爸爸看了我一眼就跑了，護士說：「莫名其妙！」這句「莫名其妙」又給孩子形成了一顆無明的種子，我讓他釋放這顆無明的種子，個案說：「怪不得生活中感覺很多的事情對我來講都是莫名其妙的發生，我終於懂了，沒有什麼莫名其妙的事情，只因爲自己有一顆莫名其妙的種子在吸引，所以感覺在生活中很多事情都是莫名其妙的。」媽媽問護士：「我老公看了孩子怎麼說？」護士說：「他看了一眼一句話也沒有說就跑了。」個案說：「怪不得我的父母關係不是很好，原來在這裡出了問題。」我說：「既然父母關係不好是因爲你，那你就可以幫父母解開這個心結，重新面對一次，當時護士抱著你走到門口，後來怎麼了？」爸爸看了一眼就跑掉了，我說：「你去理解爸爸爲什麼看了一眼就跑掉了？」媽媽進入產房從難產到剖腹產經過很長的時間，爸爸非常擔心焦慮，當爸爸看到孩子平安出生就放心了，然後他爲了行使父親的責任就跑去向親戚朋友借錢，借到錢之後就去買尿片和奶粉。我說：「既然你都清楚了，那你如何揭開媽媽對爸爸的心結？」

他就描述給媽媽知道，媽媽對爸爸的心結也終於可以解開了，不再埋怨爸爸了。

我問他：「從難產到剖腹產的過程，你看到自己的問題在哪裡？你又理解到了什麼？」他說：「生命的過程很驚險，但結果都是有驚無險，錯誤的一步幾乎要我的命。」我問他：「你錯誤的一步在哪裡？」他說：「錯誤是因為我在玩臍帶，當臍帶套在脖子上了我還繼續繞，只為了滿足自己的欲望，我將錯就錯不及時回頭，無法控制就錯到底，當知道錯的時候已經來不及了。」我問他：「對照你生活當中有哪些事？」他說：「生活中有太多事很驚險但又是有驚無險，不能再繼續錯誤下去了，要及時回頭否則一切都來不及，走錯一步都會要我的命。」他把生命完全地整理出來。後來有遇過幾次他的媽媽，媽媽說兒子的改變非常的大，也就是因為那次引導療癒之後找回了迷失的自己，喚醒了自己，重生了自己。把生命整理出來顛覆過去的生命程式，生命就重生了，要改變一個人的命運在胎兒期是非常直接快速的，基因生命DNA完全突變。

個案二

她一直耿耿於懷一件事，她生小孩的時候選擇剖腹產，產科醫生是她非常要好的朋友，她完全地信任就選擇了這個醫生，想不到接受到的待遇比任何人還

生命背後的真相
身教　言教　不如胎教

糟糕，這件事到目前在心中還是一個問號。我就引導她去面對，面對到那個場景之後她說：「自己簡直像一頭豬一樣被癱在手術臺上任人宰割，痛得讓自己無法忍受，剖腹產從來沒有人有這樣痛過。」她說的「一頭豬」這個詞語從她嘴裡出來不是巧合的，也就是說這是作用力和反作用力的效果。

她曾經在不分青紅皂白在眾人面前罵過一個人是豬，在對方非常痛心難堪之下，那個人發誓一定不會原諒她，一定要你比我還痛，這就是作用力和反作用力平衡的一個結果。發生在我們身上的每一件事都有它的道理存在，不管我們有什麼樣的體驗，都要感恩地接受。一件事我們只是看到了它的表面，背後因緣深遠，架構完整才能促成這個事件的發生。我們只要深深地感恩，不做其他任何負面的想法，這樣才能對生命有一個圓滿地交代。

生命中無外乎都在體驗一連串相同的事件，所有的發生，歷史總是驚人的相似。一連串的事件都源自於當時的一個轉念點，可是在這個轉念點上轉不過來就衍生一連串更多的種子，如果沒有臍帶套在脖子上就不會剖腹產。生活就是活在這種無明的種子裡，把自己搞得天翻地覆、苦不堪言，為何將錯就錯錯到底呢？生命真正執著的是不放手，不放手就沒完沒了。也就是危機感和決心的問題，當有了危機感那份決心

就出不來，在危機感又能處變不驚之下轉換頻率就不會是執迷不悟，就不會是錯就錯到底。

　　處在當今的三種文明之外，資訊文明已經到來：第一種是以電器爲基礎的文明，第二種是以核磁爲基礎的文明，第三種是以光波爲基礎的文明。身爲人，具備的三種基本能力：第一種連結力，連結之下的給出去再回流回來達到平衡；第二種轉換力，轉換正能量、正思想的頻率；第三種意念力，意念是意識的執行力在主導一切，意識帶動意念彙集能量到至高點，這就是我們想要的目標。資訊文明能力只要放鬆，用心感受，奇蹟就一個一個來啦。

　　人最怕的無意識的作用力一旦啟動，力量大到無法想像，你永遠無法預估到在大海中航行的船隻什麼時候遇上暗礁，暗礁一出現生命就偏離了本來的航行軌道。所以整理生命顯得特別的重要，讓生命的航道走在平行運行軌道上，否則只要時機成熟、條件吻合、因緣具足就會在生活中開花結果，你就無意識掉進過去的迴圈模式，我們無法顧及到潛意識的資料庫承載了多少的印痕種子檔案在裡面。人類最大的智慧是在每個當下覺察自己、覺知自己，能夠覺察和覺知到自己就可以導正自己，把自己整理給自己，尋根斷念，把源頭的根「轉識成智」，就只有當下，當下即是眞實工夫。

生命背後的真相
身教　言教　不如胎教

第十二章
產道期

　　產道期就是胎兒從媽媽肚子裡離開成為獨立個體所經歷的過程，所經歷的道路叫做產道，從這條道路是如何出來的就是生命中要經歷什麼樣的命運。尤其是女人，你如何被媽媽生下來，以後你就如何生小孩，生產本身就是無明的印痕所烙印下的種子，所以要好好地面對自己的胎兒期、產道期。有人會問我是剖腹產，沒有經過產道，如何叫產道期呢？剖腹產過程中分分秒秒的感受都是。

　　臍帶套在脖子的胎兒非常多，大部分都是胎兒期情緒起了很大的起伏而導致的，這類型的胎兒會被臍帶套住，生命的過程會有很多波折的事件，被套住的感覺就會在生活中感召被套住相同的感受，一一去體驗如不順心、拉扯、無法呼吸、無法喘息、上氣不接下氣、被束縛不順心等等，回到套住點就可以解套，解開成因生活就可以順心如意。

個案一

　　引導她回到產道期才發現脖子被臍帶套住了三圈，感覺到身體很僵硬，頭更僵硬。從產道出來的過程很折騰、辛苦，拉扯的力道很大。我說：「這讓你

聯想到什麼事情？」她說：「我知道了，我生活中都在體驗這種感覺，很辛苦，拉拉扯扯，很折騰，身體全身是僵硬的，不管做什麼事情都是這種狀態。」我就引導這個個案去揭開生命的密碼，讓生命解套，讓生命重新起飛。我說：「你要如何把脖子上臍帶拿掉？不要讓你生命歷程走得這麼辛苦。」她說：「不可能，怎麼可能？」我對她說：「你要相信我，像你這樣類型的案例非常多，你要相信我，你更要相信你自己，你可以做到的。」在我鼓勵相信之下她做到了。

靈性的機制本能是沒有什麼不會的，沒有什麼不知道的，只要你相信一切的發生都是靈性要成長的過程，就一定會的。她就把自己退回子宮貼在臍帶頭，然後反方向繞三圈，縮小自己的身體往下沉，臍帶終於飄上來了，她解套了，她好開心，生命這條路解套了。我說：「你怎麼出來的？」她說：「好順利就達到目標了。」我問她：「你領悟到了什麼？」她說：「我知道了我在事業上不順心，生活上不開心，是因為我的身體和頭太僵硬了，不懂得柔軟，不懂得謙卑，不懂得彎腰，不懂得低頭，不懂得以退為進，怪不得談生意談得很辛苦，我知道我的行事風格必須要以退為進，不要硬碰硬，要懂得低頭、彎腰、柔軟、謙卑，這條路就會走得很順心。」然後我問她：「對於你現在收養的這個小孩你理解到什麼？」她說：「我完全瞭解了，收養這個小孩只是那份同理心，感同身受而

已。」我說：「既然你都瞭解了，那你回到生活中你將如何面對這件事？」她說：「我會做最好的安頓，執著在那個點是我不放過我自己，是和那個孩子一樣的感同身受的自己，不會再執著一定要怎麼做，不顧一切地執著這件事反而破壞家庭的和諧度，本末倒置。」最後結束療癒的時候，她趴在自己的腿上很久，我就問她：「你怎麼了？」她告訴我：「五十多年來了，從來沒有這麼舒服過，把心中的心結都解開了好舒服。」我問她：「你回到生活中你要如何改變你自己？」她說：「我都知道怎麼做了，只要內心感受到不舒服，不舒服的源頭都在胎兒期可以找到答案，解開牢銬，生命程式重新改造，生命就高飛，還原幸福的自己。」

　　三年後，我們又相遇了，她問我：「鈺珍老師，你還記得我嗎？」我說：「當然記得。」她說：「自從上次你幫我做療癒之後，我的命運就完全地改變。」我說：「當然看得出來，從你年輕的外貌，也真的是因為你勇敢面對自己的結果，相由心生，命由心造，全部寫在你的臉上，這就是靈性賦予我們生命最有意義的本質——活出自己，好好地做好自己。」

　　每個人在胎兒階段臍帶和媽媽連在一起，小寶寶是用這一部分呼吸，不用嘴不用肺，心臟可以到處跑，小寶寶每一部分都可以呼吸，想到哪裡就可以到哪裡，心臟跑到膝蓋，膝蓋會跳。修行的人，道家說

修到到嬰兒的狀態是最好的狀態，與宇宙同頻率在呼吸，也就是所說的小元神都可以呼吸，每個細胞都在呼吸。我們必須守住心，穩住自己的心與生命源頭的愛做連結，與生命源頭的光愛水火做合一，水就是道，道是無形無相，道是透過水在表達自己。用心感覺「一即一切，一切即一」，造物主就是你。

臍帶套住如何解套？

個案二

　　她有一塊土地 20 多年怎麼都賣不出去，她很困擾，引導她回到媽媽肚子裡去，媽媽懷她們是雙胞胎，她是姐姐，照理說她應該要先生出來，可是妹妹想要當姐姐，妹妹衝到前面一腳踢開她，妹妹的臍帶繞在她脖子上，所以她被妹妹的臍帶套住了，從這一點上把臍帶解開。當臍帶解開的之後，我問她：「這塊土地打算什麼時候賣掉？」她說：「三個月之內。」我問：「價金多少？」她也說了。我就讓她設下某年某月某日這塊土地交易完成價金全部到位這個程式，很妙的是當這個日期到達的時候我在上海，她就打電話給我說：「鈺珍老師，太不可思議了，今天這個日子就是我設下土地賣出去的日期，價金全部到位，轉賣的手續都辦好了，太不可思議。」

　　生命中很多事情沒有辦法用人類的思維角度去看

生命背後的真相
身教　言教　不如胎教

待每一件事，有句話我說的算，我是造物主，這句話千真萬確，重點這個千真萬確的前提要具備哪些條件因素，量子結構意識才是真的，端粒子粒腺體的波長滲透力，連接源頭，用源頭無為意識，做當下要做的事，創造所要，自然被照顧的妥妥當當。尊道貴德，道生萬物，德潤人生，大道至簡，返璞歸真。

　　所有的問題只關乎到自己，回歸自己，自己要不要？當你要，你要的力道在哪裡？你真的是想要嗎？還是你只是想想而已？使出力道出來，那些牽扯的問題會瞬間被瓦解掉，事情自然而然就迎刃而解。總而言之，就是面對自己的那份勇氣有沒有而已。所以說你是真的要嗎？你會說要。你敢要嗎？靈性的深度再滲透進去，很多人都是不敢要，不敢擁有，為什麼不敢擁有？因為不配得感。為什麼不配得感？因為過去有太多的失落、自責和內疚，所以失落之下害怕再一次地失落，就不敢擁有。當你不敢要的時候，你要什麼都是要不到的，追根究底還是面對自己。

　　因為胎兒期有這樣的記錄，所以演變成生活過程當中很多的執著。當完全看清楚這一切之後，理解到所有的一切只是轉移位置而已。在靈性成長的過程人會追求放下，放下在乎和執著，卻又抱起了更大的名利和抓取等等，以法破法，經過體驗過程來看待這一切，會看到自己有所求而去修行，往外求一切就落入最苦的境地。做什麼都不重要，好好做好自己才重

要，回到中心，與內在合一做真實的自己，人卻不知道自己在做什麼。執迷不悟到最後什麼都沒有，堅持下去意味著失去生命最珍貴的體驗，不要為了執著抱起了更大的執著，修行在生活中的一點一滴修，那才是本意，為了解脫而去追求，反而不得解脫。真正要修的是修內在平衡，真正要的是靈性意識的位置，物質是意識在主宰。

個案三

　　她常常被老公打，她又認為是理所當然的，原來她在生產的過程出了問題。在生產的過程她出不來，醫護人員就鼓勵她「用力一點」，她就用力結果到一半就被卡主了，她感覺到上當被騙了，接下來她再經過醫護人員的助力之下終於出來了，出來之後就被打屁股，她認為生命就要挨打是理所當然的，所以她生命的過程都在體驗上當被騙、被挨打的感覺。到後來她發現事情越來越嚴重，她整理她的生命才知道原來都是自己自以為是的認知出了問題。被打屁股是要讓她呼吸，打的一瞬間是讓肺部呼吸系統功能產生正常地迴圈，這是孩子都要經歷的事情，為何每個孩子遇到相同的事件感受到的是不同的結果，也就是心靈內在有不同的程式在運作，所以必須要還原生命給自己。

生命背後的真相
身教　言教　不如胎教

個案四

　　我的產道期：當時我已經準備好要出來了，已經看到前面那扇門已經打開亮光在迎接我，我非常地興奮，可是當時接生婆一句話又註定了我的命運，接生婆對媽媽說：「你還早呢，前天我去接生兩個從早上等到晚上。」也等同於對我說我還早呢，這句話對我生命的影響和障礙非常的嚴重，媽媽聽到接生婆這句話就放棄了，就把門關閉了就讓爸爸送接生婆回去，等要生的時候再請她過來，爸爸送接生婆到我家後院，接生婆對爸爸說：「你不用送了，你去照顧產婦比較重要，要生的時候再叫我過來。」爸爸就回來了。我非常的生氣，我都要出去而這扇門為什麼又要關閉，我拳打腳踢，媽媽又開始叫了，爸爸問媽媽說：「是真的還是假的？」我聽了更生氣：「我都要出來了，你還問是真的還是假的。」媽媽說：「還不知道。」我更生氣，更是拳打腳踢，媽媽痛得受不了，然後爸爸說：「我還是把接生婆請過來好了。」接生婆請過來之後檢查一下說：「要生了，我們就用力生。」我在媽媽肚子裡點頭說：「我已經準備好了。」就這樣很順暢衝出這道門，我衝出來之後才想到我要面對很多的生命歷程，我就放聲大哭，每個人的放聲大哭有每個人的意義所在，不是完全一樣的。

　　我生兒子的時候去到醫院也是被醫生趕回來：「你還早呢。」這個無明的印痕，無明的力道任憑誰

也阻擋不了，藥物也無法醫治這些無明的作用力，除非自己意識到、覺察到、認知到，當下就可以當機立斷了斷它，反個天翻地覆，生命就反彈了。尋根斷念就不受制於它的障礙、拉扯和牽絆，瞭解自己、認識自己比什麼都重要，不知道自己的問題在哪裡才是最大的問題，當知道自己的問題在哪裡就不是問題，因為答案就在自己的身上，一切都是自己所選擇的，一切都是自己所允許的，我們就可以讓它全部到此為止，全部轉換意識頻率。

個案五

　　醫護人員的每一句話關係到一個孩子的命運，有的醫護人員一句話就給這個孩子判了刑，有的醫護人員一句話就可以拯救這個孩子的命運。這個個案的命運非常的坎坷，她自從進入媽媽肚子裡才一個多月就被父親不認同所拋棄，媽媽受到左鄰右舍的建議要把這個孩子拿掉了，可是媽媽非常地勇敢，她堅持到一定把這個孩子留下來，她後來生命的歷程也可想而知。小時候媽媽帶她去找爸爸，爸爸也不認同是他孩子，跌跌撞撞的過程。父親的位置也等同於伴侶的位置，女性從小到大對父愛的渴求沒有被滿足之下，心靈的力量會投射到未來伴侶的身上；同樣的，男性對母愛的渴求沒有被滿足也會投射到未來的伴侶的身上，這是靈性機制的條件反射。她被生產的時候

生命背後的真相
身教　言教　不如胎教

也是非常的波折，當時醫生告訴媽媽也等同於在告訴胎兒，醫生說：「放鬆，放鬆，不要緊張，要用力的時候再用力就好了。」這句話是至理名言，這句話救了這個孩子的一生，這句話足以把她生命從地牢的坎坷、不如意、不順遂全部扭轉到平順的軌道上。

　　相比之下，我們可以看到很多人的生命過程都是不放鬆，不放手，不放心，不放下，所有的「放」都是從放鬆開始，所以所有的好事都是從放鬆才開始的，當你沒有放鬆，接下來就會是亂成一團的。「放鬆，不要緊張」這句話是至理名言，這位醫生的這句話也可以說是神性的代表了，真的是一位菩薩，如果所有的醫護人員都能夠用上這句話，相信未來這些主人翁生命歷程都會走得非常的平坦、順遂、輕鬆、快樂。醫護人員的一句話對即將出世的小生命是開關生命的頻道。

個案六

　　媽媽懷她的時候住在娘家，可是到了要生產的時候必須送回到夫家，就雇了一輛馬車，請一位婆婆護送著媽媽連夜趕回夫家，路途上非常的顛簸，外面下著雨又颳著風，沿路馬車的顛簸當中胎兒等不及了就在馬車上生產了，婆婆當時講了一句話：「在路上出生的孩子註定命運坎坷。」這句話深深地烙印在孩子生命 DNA 的程式上，她說一路上的命運就是這麼的

坎坷，原來就是這句話判了她的刑。她看到了就可以讓這句話負能量全部釋放出去，摧毀舊有的程式，同時可以轉換成智慧的頻率，後來她的生活、婚姻、事業幸福美滿，他目前還是國內某個領域至高點人物，常出現在電視上，這是勇敢面對自己之下生命對自己的一份犒賞。

個案七

他出生的時候，家人在外面等了很久還是生不出來，結果陪產人員就講了一句話：「這個孩子真麻煩。」我讓他重複這句話他完全瞭解了，他說從小到大就是來增加麻煩的，吃喝嫖賭樣樣都有，讓父母非常的煩惱。

我常常提醒一定要有覺察力，覺察到你每個當下在講什麼，你每個當下在想什麼，你每個當下在做什麼。當你講一句話的時候，最先收到的是你自己，你講出來的聲波直接從你的耳朵滲透到心裡，振動頻率第一個收到的就是你自己，所以講話一定要講「好話」；想法是當下的振動頻率已經連結到過去、未來、現在，吸引到相同本質的品質來到你的身上，所以想法一定要往正向的方向想；所有一切都是自己做給自己的，不管你現在所經歷到的是什麼，所承受的是什麼，所享受到的是什麼，一切都是你自己做給自己的，做的當時已經在創造你所做的一切結果。

生命背後的真相
身教　言教　不如胎教

第十三章
安胎

　　很多人在懷孕的過程當中會受到一些震盪，不管是在感受還是想法上受到的一些震盪，震盪產生的時候胎兒的不穩定也就產生了，在這樣的情況之下醫生建議要安胎，所謂的安胎是什麼？安胎就是在安心。最主要就是大人必須安心，先把大人的心穩定住，孩子的心也就穩住、安住了，這就叫做安胎。

第十四章
墮胎

尊重生命，珍惜生命。生命的來臨有他存在的意義，有的人是生命來了拿掉，又來了又拿掉……最後這個生命證明他存在的報復心會全部回饋在你的生活當中。這份生命執著是無間道，因為超出物質的空間是沒有時間觀點的，連他自己都不知道自己已經執著了這麼多年，有一次個案當中我問：「你跟他多久了。」回答：「兩千多年了。」從引導彼此面對彼此當時那份處境就化開了心結，這件事真正地從心中化解才能從心中走過來才是真的出來了。

個案

她要去做人流，內在的胎兒就嚇得要命，非常地害怕，他在肚子裡懇求：「只要讓我留下來，讓我做什麼都可以，我會乖乖的，我會聽話。」這樣的孩子我們真的會心生憐憫，他只為了要留下來，讓他的命留下來讓他做什麼都可以。所以說，尊重生命，愛惜生命，做好事前的預防措施，否則自己傷身也不好。

生命背後的真相
身教　言教　不如胎教

第十五章
流產

　　流產是一項生命教育，是你自己還沒有準備好愛的能力，「流產」顧名思義，你不留他，他就走了。

個案

　　她懷孕時半夜肚子餓了，向老公討愛說肚子餓了想吃一碗麵，老公沒有意會出來她討愛的意思，老公就說：「要吃麵自己去煮。」當時她覺得非常地委屈：「我這麼辛苦幫你懷了孩子，又害喜，竟然向你要一碗麵吃還要我自己去煮，我還要這個孩子做什麼？」當她動了這個念頭之後，孩子就感覺不被需要，孩子就想走了。到了醫院，在檢查之後醫生說再觀察看看，其實觀察看看不是醫生再觀察看看，是孩子在觀察看看媽媽你要不要我。過了兩天，檢查之後醫生還是說再觀察看看，她就在醫院觀察了一個月，她心煩耐不住動怒了：「你到底要怎麼樣，你要出來就快出來。」當她下了這個指令之後孩子就一不做二不休馬上流出來了。

　　她一而再，再而三地流產過程都是一樣，有一次好不容易又懷孕了，懷孕的之後又按捺不住想到外面玩。什麼是胎教？你的想法就是在教育孩子。她在

教育孩子外面有多好玩，孩子就想到外面玩，結果流產的跡象又出來了，送到醫院醫生檢查後說已經來不及了，子宮頸門已經打開了，孩子已經到門口保不住了。當她看到幾個孩子都是在同樣的情況之後流走的，她後悔自己無知無奈，她後來也得了不孕症。相信她準備好自己，有那一份感同身受愛的能力，一切都會好轉了。流產就是一門生命教育，教育我們必須要有愛的能力，況且母愛的光輝是無限量的，無條件地給予愛就是愛的能力，當你有愛的能力，就再不會有流產的事件發生了。愛是一切的根源，愛可以療癒、化解一切。

　　流產本是一個無明的印痕、失落的種子。子宮是孕育生命的地方，也是母愛呵護小生命的地方，當只有冰冷和寒冷，感受不到呵護和溫暖時，子宮當然會出現問題。子宮是生命的故鄉，怎麼能讓生命的故鄉冰冷了呢？不管自然流產或是人工流產，都需要尊重生命，這些來不及出生的小孩生命也能得到適當的關懷，而讓彼此心靈的負荷得以釋放，轉換成智慧不再執著於愛與不愛，彼此都放手，得到彼此的放手、祝福和解脫，而不是埋怨和障礙，甚至形成往後報復的手段，生命是要往上提升、往前邁進不能在這裡形成生命的漩渦。

　　至於流產、墮胎的生命我們願意的話還是可以一一去瞭解、理解、化解、了斷、了脫、解脫，要是

生命背後的真相
身教　言教　不如胎教

你認知到生命都只是一場體驗，體驗過了就過了，體驗過程中心能安心，那就真的過去了，過去影響不了你，了無牽掛，立足當下。

第十六章

胎兒面對做超音波檢查，拍孕婦照

　　隨著科學的進步，現在可以通過做超音波檢查看到孩子的發育過程，當孩子在被做超音波檢查之下所產生的無明的感受，也許到長大成人之後那種感受還會依然存在，無明的感受就是赤裸裸地被看穿的感覺。做超音波檢查是爲了對你有幫助、有好處才採取的措施，並不是要看透你、看穿你、冒犯你。任何事情都有兩面性，我們只要吸取正面的就好了，負面的就放下，因爲那不是眞實的，我們就不受它的限制。

　　現在還會有很多孕婦很時髦，會去拍孕婦照作紀念，把很漂亮的大肚子完全地袒露出來面對攝影機燈光的閃光照射，甚至旁邊還會有好多人在觀看。我們也要去感受到肚子裡胎兒的感受，可以先對胎兒作溝通、作協調，也要一份尊重，尊重他是否願意，爲人媽媽的內心會感受到胎兒的這份感受。任何的存在都有一體兩面性，有正面的也有負面的，正面的是胎兒以後會很非常地有表演欲，就如同在舞臺上表演一樣的有優越感，表演給大家看，給大家觀賞；負面的是會被看穿的感覺，好多人看著他，他就赤裸裸地被看穿，他以後這樣的人格在人群中會退縮，會孤立自己，因爲怕被看穿，這些都可以防患未然的。

生命背後的真相
　　身教　言教　不如胎教

第十七章
生出優良品種

　　生命爲了體驗陰陽合一而存在於性，也通過性達成傳宗接代的使命，有心靈合一的愛產生性那是崇高的，在靈性不斷揚升的過程中我們也發現到至高無上的性愛最終只爲了要喚醒，喚醒內在那份絕對的神性，放下，放空，當下，給予，接納，感受，享受，回歸存有與神性合一。

　　物質體的生命是通過父母的性愛來到人間，性愛的本質是通過性把愛做出來，性是陰陽合一、愛的途徑，陰陽合一的愛通過撞擊形成能量的密度，產生品質的電磁波來揚升靈性的高度，這份對於物質層面陰陽合一的體驗也只有在物質存在於人間才能落實出來。又要放下物質的感覺，進入神性的感受，享受神性的頻率，所孕育出來新生命的本質是神聖的品質，是純潔的品質，是純眞的品質，是尊貴的品質，是貴族的品質，這份生命當然活出神性的特質，每個人對絕對神性生命終極所追求的三個層面：從身體層面深入到意識層面，頓悟空性再揚升到靈性層面，陰陽合一神性的體現。這個新生命的來臨品質絕對是神聖的化身，絕對是優良品種，只要照顧好自己的心就足夠了，心沒有掛礙，一旦心有了掛礙，就會心不在焉，就

會產生互相地牽扯，頻率無法聚焦在一個點，一個點影響了整個軸線，遍及到整體裡面，放鬆，放下，享受當下，處在當下，出生出來的品種絕對是優良品種。

放鬆是身為人類最低調奢華的享受。

個案

他面對爸媽性愛的那一刻，感覺到媽媽想的是別的男人，甚至還推來推去，暈頭轉向。在這樣的情況下也造成了這個孩子生命成長的過程都是在以那種思想外遇的模式發生。

我們都知道人的生命是受情緒和想法所主宰操縱，卻忘了生命是享受，享受每個當下，能夠放鬆處在每個當下，全然信任，全然交托就是享受，在陰陽合一愛的醞釀之下更是無條件地給予愛，給出所有，更是無條件地享受。在每個當下所孕育出來的生命的品質是最純潔、純真的，任何事情都取決於初始之心的注入，當你注入什麼元素，成果、現象和物質就是什麼樣的成品。種瓜得瓜，種豆得豆，在什麼狀態下孕育小孩是很關鍵的。處在當下，享受當下，你就是滿滿的愛，你給出滿滿的愛，滿滿的愛製造出來的成果就是滿滿愛的果實。幸福到沒人能比，讓全天下的人都羨慕你。是宇宙捧在手掌心的心肝寶貝，是都市叢林的貴族，是大自然的小情人，是愛的化身，來到身邊的都是愛的頻率的展現。

第十八章
預防教育

個案

　　媽媽懷他的時候，媽媽非常辛苦地在田裡彎著腰、弓著背插秧，這讓他感受到非常地難受、擠壓，他感覺到壓力好大，擠得他透不過氣來。懷孕大肚子的時候儘量少背東西，少挑東西，少拿重的東西，少騎車，少蹲彎著腰，不要讓肚子有壓迫感，因為會讓肚子裡的孩子承受到很大的壓力。這些動作我們都要預防，甚至我們可以和孩子對話，讓孩子理解你，讓孩子瞭解你，讓孩子可以同理你的心，這樣會減少孩子很多的負荷，孩子也願意陪伴你。

　　孕婦現在的預防措施做得非常地好，有孕婦的綁帶，也要注意不要綁得太過緊，孩子最希望最好不要綁住他。不要小看這個「綁」，這會讓他在往後的生活裡面都會感覺到被「綁住」的感覺，感覺被困住沒有辦法施展自己，沒有辦法活出自己。孩子更希望的是媽媽的雙手可以抱著他、撐著他，他更能感受到母愛的光輝，母愛的支撐，母愛的襯托，母愛的支持。胎兒在媽媽肚子裡就像錄影機，媽媽所有的情緒想法、思緒、感受，生命分分秒秒的過程全部都記錄了，

所以做事的出發心先想到孩子就不會有錯誤。心中有他的存在，樣樣都是愛。

放鬆是第一步，所有的好事都在放鬆之下才開始的，放空腦袋放鬆自己，孩子會感受到生命無限的擴展和連結，靈性的高度可想而知。情緒是操縱生命的元兇，每個人身心靈都被情緒所操控，任何事不入腦，不入情緒，欣賞就好。過了就過了，不要把上一秒的情緒帶到下一秒來干擾。境遇不重要，重要的是內在的存在狀況，母愛的偉大，母性的智慧一個點的突破改變，子子孫孫的命運都改寫。

我一直在提倡：「終止家族業力由我做先驅，改變子孫命運由我先做起。」為了子女我相信身為母親的每一位都願意，別忘了下一代還是你自己再來投胎的，你也曾經是你祖先再來的，這種比例滿多的。

生命背後的真相
身教　言教　不如胎教

第十九章
產前教育

個案

　　我兒子大學畢業之後玩了一年，我沒有去催促他、責怪他，我是尊重他，我爲了讓他更清楚地看到未來的方向，於是我就建議他：「我協助你去看到你的今後方向在哪裡，讓你更清楚自己。」兒子也答應了，我就引導他去看在媽媽肚子裡發生了什麼事。他在媽媽肚子裡的時候，媽媽開著車迷路了，媽媽的內心非常的無助、無奈。當他講到那一刻的時候，那一幕印象非常地深刻，我帶著孩子又懷著孕到一個陌生的地方玩，晚上開車回家的路上迷路了，心中興起一種很無助、無奈的感覺，我的情緒感覺肚子裡的孩子全部都吸收到了，成爲他生命的檔案程式。所以在他要步入社會的這個階段就有這種感覺在，他迷路了，很無助，很無奈，不知道方向在哪裡。

　　我又引導他看到小時候讀幼稚園上錯校車迷路了，讀初中當班幹部，也因爲那份迷路的感覺被老師拿下來了，這一連串的事件也都源自于媽媽當時的迷路。當他看到這些之後也知道了接下來的人生方向必須要抓住的幾個原則，他未來的方向工作在哪裡也全部都看到，我說這是你未來工作的方向，你滿意嗎？他說可以。沒過多久他真的找到了和他看到一模一樣

的工作，他非常地滿意，非常地幸福。

　　在哪裡跌倒就從哪裡爬起來，沒錯，當迷路了，一定要回到源頭——**胎兒期，重生自己！**再次也映射一下未來教育，就是全部反過來了，是大人向孩子學習了。反者道之動，過去是孩子向大人學習，那是老舊程式，無法支援新生命意識的擴展，還要修修補補太慢了，只要好好觀察孩子，會發現孩子生命眞是神性的化身，那份純粹，單純，天然，自然，簡單，純然，全然，順暢，天眞，示弱，當下，勇敢，哭笑流暢，表達不阻塞。跟著大人吃喝玩樂，享受生命！

　　剖腹產的產前教育，等於替肚子裡面的胎兒先做生產過程的說明：

1、當醫生給媽媽打麻醉藥是爲了要幫你打開門，迎接你的出來，麻醉針是對媽媽而不是對你，所以你可以不用吸收、不用接受，你不需要麻醉藥。

2、當醫生拿著刀片劃開媽媽的肚皮是爲了幫你打開門，你無需害怕，不會傷害到你，你放鬆就好，感恩就好，這都是爲了要幫你的，

3、當醫生雙手撥開媽媽肚皮是要迎接你出來，你只要和你的心在一起，你可以用感恩的心去接受這雙手的擁抱。

4、當醫生把你抱出騰空舉高時是讓你知道你的
　意識可以一直保持在高度，你只有感恩的
　心，更開心，用心感受生命；

5、只要你放心信任一切過程都會是很順利的，
　帶著大家對你的愛喜悅地來到人間，醫生對
　你做了什麼都接受，因為都是來幫你的；

6、過程中你聽到什麼話，聽過就好，不要有想
　法，平常心，這都只是過程；

7、一切好事是從放鬆才開始的，儘管地放鬆、
　放心，感恩的心；

8、不管過程發生什麼，相信我們每一個人都是
　愛你的。

第二十章
零歲、虛歲、實歲

　　年齡是從媽媽肚子裡就開始計算的，如果你的年齡從出生才開始算，那在媽媽肚子裡將近 300 個日子又叫什麼呢？生命是一個光粒子，夾帶著所有訊息，這一股力的頻率進入媽媽肚子裡就開始編織生命的軌跡道路，所以真正的年齡是虛歲。年齡包含了在媽媽肚子裡將近 300 個日子安裝程式的過程，孩子在媽媽肚子裡的那一段才是最基本的生命縮小版。

子宮日記：

　　因為每個人的感知不同，所以對事件的認知也不同。個案認為掉入一個無明的陷阱，精子和卵子結合的那一刻感覺被困住了，精子緊緊地把我卡住，萬般不願意和不甘心，雖然使勁了全身的力氣努力地掙脫，但是被包裹不能掙脫，隨著胚胎慢慢地長大，不再掙脫慢慢地適應。

　　媽媽在田裡跌倒了，媽媽為什麼這麼不小心？好像有什麼事要發生，感覺到在水裡強烈的震動，腦海中浮現「我完了、我完了」。原來自己這麼的渺小，能力這麼有限，還以為自己可以為所欲為。所有的一切只要內心平靜沒有煩惱，接受這個事實，漫長地等

生命背後的真相
　　身教　言教　不如胎教

待讓我不敢相信出生這一刻真的到來，想要做一些準備卻什麼準備也不能做，感覺自己毫無能力做準備，期望睜眼第一眼看到的是父親，很高興可以馬上掙脫現在的環境，一方面又很害怕要面對另外一個環境，感覺到一陣陣強烈的子宮收縮的壓迫，無情地逼迫我要離開這個地方，把我的全身緊緊地壓迫到快窒息了。

感受到環境的變化，不容許再對這個地方眷戀，我只好選擇離開，我拼命地尋找出口，在水裡面使出全身的力道以至於身體就往前挪動，護士說：「要生了用點力。」媽媽痛苦地在掙扎用力，我也使出全身的力量離開了那個環境。感覺到頭頂有一股強大的吸力把我吸過去，只能順從命運的安排，很幸運發生了奇蹟，被吸過來的這個地方就是出口，於是我使出全身的力量鑽了出去。一種獲救蛻變的洗禮，只要通過這個洗禮就可以煥然一新，脫胎換骨。通過層層的考驗最終的努力終究是為了脫胎換骨，把握好每一天，不然太對不起自己。

每個胎兒在媽媽肚子裡都是一個一個事件，也把人生的悲歡離合的歷程都縮影在裡面，每個胎兒那麼小的生命就已經展開了對人生的經歷，並不是出生長大以後才經歷。「經歷」成了種子的印痕，事件就不斷地複製，複製體驗，何時了？只要多一個覺知，一個「反」就讓你吃不完，「反」人性，「反」慣性，「反」信念，全新的生命就為你而展開，好玩的新鮮的體驗，那才是靈魂想要的經驗。

第二十一章
孕婦如何面對性愛

性愛是生命能量的交匯，用身體在交流愛，透過身體把這份愛表達出來，所以性愛是一項非常神聖的靈性交匯，可以掌握到這個點對雙方都是一個靈性揚升最佳的時機。生命的過程就是 DNA 的過程，兩股交錯的力量分分合合，合為了分，分又為了合，交錯螺旋狀揚升。

向心力，離心力同時存在於陰陽合一。

個案

她的生活狀態已經進入到了對什麼事提不起興奮感，一種平淡乏味的生活狀態。頭疼、耳神經、頸椎骨質增生的問題很嚴重，我引導她去找到最基本原因，她在媽媽肚子裡的時候感受到喉嚨燒痛，原來媽媽喜歡喝酒、吃辣椒，媽媽所吃下去的養分也直接輸送給孩子，孩子也全部都感受到。可想而知，嬰兒的細胞組合體哪能承受得住這麼激烈的酒、辣椒，嬰兒的胃、喉嚨也受影響了。

每當父母在做愛的時候，她感受到被棍子抽打的感覺，於是從小到大她非常害怕棍子，你害怕的時候就會感召吸引這樣的事件，你把能量意識擺在那裡，

生命背後的真相
身教　言教　不如胎教

就等於壯大她長大。所以小時候常常被棍子打。又有一次父母在做愛，她本來在睡覺，突然間感覺怎麼變化這麼大，內心感受到非常的不安全，感受生命受到危險，不知道怎麼又會發生這種事，又是一番棍子的鞭打。我讓她去感受經歷的整個過程，她說爸爸壓在身上壓迫感的壓力壓得她的耳朵都聽不到了，所以她從小到大就很害怕被壓的感覺。引領她做釋放與轉換，轉換內在的恐懼以達到釋放和平衡的療癒，包括頸椎的問題也是因為壓迫所產生的。當我引導她做釋放與轉換成平衡的能量之後，我問她：「**孕婦是不是不應該做愛？如果可以應該怎麼做愛？**」她回答說：「希望爸爸媽媽做愛的時候心裡有我想著我，當他們心裡有我想著我的時候，他們的愛就在保護我，我就會感覺到非常安全，我就不會慌，不會怕，因為有這份愛的能量包裹著我。」

當心裡有胎兒的存在，愛自然會有方向，愛就會沿著方向流動，愛的能量是最有力量的能量，愛與被愛從來沒有分離過，愛與被愛陰陽同時存在，我的生命是同時愛與被愛的結果，有我在是因為有愛，沒有愛也就沒有我。感受不到愛，光就沒有了，往外去找愛，光也就沒有了，有愛自然成長，愛在我心裡，生命本身就是愛。當孕婦在做愛的時候如何保護到胎兒？不要讓胎兒承受到這麼大的壓力和壓迫感，滿滿的愛就可以保護到胎兒，胎兒也能感受到父母的愛。

這個個案療癒之後，她身上的那些問題也得到了療癒，她的心也全然地敞開，內在的無明也化爲智慧的光明，她是笑著跳著離開我的視線。過了一個禮拜她主動打電話跟我說：「鈺珍老師，太感謝你了。那一次胎兒的療癒改變了我們全家，現在和女兒的關係非常地融洽，更不可思議的是我媽媽也改變了，我媽媽已經92歲了以前是自閉待在家裡，現在心敞開了，每天都到左鄰右舍去交流。」女兒母親都改變了，想不到學校學生也改變了，以前學生不聽話，讓她很費神，想不到做完胎兒期療癒，還原本來面目，一切都恢復原狀了。校長找她過去，拿了一個紅包給她，是她之前帶學生參加比賽得到名次的獎金，之前爭取過幾次，都沒有下文，想不到面對胎兒期之後，校長主動找她，說這筆獎金是她應該得的，沒錯！基因改造，基因是一切的基本原因，從因下手，當然有不同的結果。《道德經》說：「天下有始，以爲天下母。既得其母，以知其子，既知其子，復守其母。」

生命背後的真相
身教　言教　不如胎教

第二十二章
胎兒如何面對父母的性愛

個案

　　我的空間被侵犯了很緊張，那種外物入侵，異物的力道非常大地衝進來，四周都震動了，一波一波地進攻，它比我大得好多，好嚇人的東西，侵犯了我的地盤，我的生命被威脅，很討厭、很噁心。我去推它結果被撞倒了，看著它進攻我無能為力，就隨便它了。

　　這樣整個狀態的過程就是她目前生活中的處境和狀態，都活在這種感覺當中，也因為她願意面對的勇氣，面對的過程讓她產生了智慧之下，她終於有了能量來轉換這些不舒服的頻率了。她說：「我可以找個寬敞的地方看著它，我內心非常地平靜，當我知道它在幹什麼的時候我才能平靜，我心平靜地看著它，我的心不隨著它轉。」她瞭解到一個真正聰明的女人，真正強大的女人是敢於往後退的女人，而不是非要怎樣不行的女人。她終於知道所謂旺夫是女人會給男人一個氣場，支持男人、支撐男人，然後把他推上來，那就是幸福的生命，多麼美妙的生命。

　　聰明的女人，真正聰明的女人是把面子留給男人，把位置還給男人，回到女人的位置。至柔才能至

剛，至剛才能至柔，兩極化又能處在中心的平衡叫極品。男人站上他的位置，他會帶著女人一起揚升，不用去和男人較勁，還要說男人沒有用，你就沒得用，還說男人不行，你行你就辛苦。女人是月亮，本身就有光，不需要去搶太陽的光，男人的光會反射出你身上的光，你的光會更亮。女人是風，只要支撐著老鷹遨遊於天際飛翔，老鷹會把它覓食到的寶藏全交給你，何樂而不為？我說一個一個的武則天要放下了，回到楊貴妃的位置了，讓你幸福得沒人能比，讓全天下的女人都羨慕你。別忘了陰性能量帶動陽性能量綻放，當下不轉換更待何時？活出生命的精彩這是生命本性已具足，只是在等待著我們拆開這份大禮物。萬物負陰而抱陽，沖氣以為和。柔弱勝剛強，弱能勝強，柔能勝剛，天下莫不知，莫能行。天下之至柔，馳騁天下之至堅，反者道之動，弱者道之用，都在告訴我們，柔軟之下的可塑性操之在握。

生命背後的真相
身教　言教　不如胎教

第二十三章
子宮外孕與先天性心臟病的差異

　　子宮外孕是女人本身已經懷孕了，可是感受不到身邊人給她的愛，胎兒也感受不到愛，會不斷地退縮，害怕恐懼沒有人愛，只有往後退到子宮外了，沒想到再退縮還是得離開，因為這裡不適合胎兒的存在。有一種子宮外孕是女人知道自己懷孕了，某種因素導致心裡不想要這個小孩，想法的力量可以影響、阻擋外面的一切，可以牽動物質而改變物質的分子結構，這個想法就把胎兒從子宮內排出去，生命還來不及出生就往生了。

　　先天性心臟病和子宮外孕類似的都是感受不到愛，不同的是沒有退縮，只有默默的承受、默默的接受。先天性心臟病在往後的生活當中進行一樣的迴圈模式，從小到大感受不到愛，愛出了問題直接反應就是心臟的問題。當一個人心臟功能衰弱，所有心臟的問題都可以從愛的方向尋找答案，通過療癒回到胎兒期重新面對心臟的問題，就可獲得解除，也就是愛可以獲得更明確的流動。

　　每一個案在我面前的生命都給到我每一個活的教導，證明到生命本質就是愛，生命在胎兒期因為愛而

來，來到人間體驗被愛、喚醒愛、感受愛、分享愛、回歸愛、付出愛，愛越用越多才叫覺醒。覺察到、覺悟到還要做到，能量頻率改變一切就改變，就可以跳出過去舊有的慣性模式。一個人的執著才是最可怕迷失的根源，當一直執著於過去的錯誤認知，生命的歷程對一個人來說只是過客而已，萬法無常，萬形無我。

　　生命中你要的是旅行還是修行？生命都在引導著我們如何成為自己生命的貴人，你自然成為別人的貴人。需要好好面對胎兒期的自己，想一想在胎兒期將近 300 個日子中有多少事在發生，有多少種子在衍生，有多少問題在生活中複製一連串的問題。當你明白這些道理的時候，只有放下，只有當下，回歸生命源頭：愛、喜悅和自由。讓愛、喜悅和自由替你做主，你已超脫了三次元到了四次元的高度，又是新生命的開始，當無法穩住那就攤開來整理自己，轉換意識頻率就揚升了高度。四次元是講我到我們，目前已經進入五次元，5D，5G 頻率意識又擴展了，進入大道歸一，直達宇宙源頭。一即一切，一切即一。

生命背後的真相
身教　言教　不如胎教

第二十四章
孕吐

　　孕吐主要是因爲胎兒頂到媽媽的胃部了，只要讓胎兒移動一下位置就好了。有時候胎兒的靈魂會「溜出去玩」，胎兒的靈魂在回來的時候也會讓媽媽感覺到孕吐，每當孕吐的時候就可以告訴孩子，請孩子移動一下位置，媽媽就不會想吐了，孩子都是很聽話的，都是可以表達和溝通的。所以媽媽就不需要經歷那種不舒服的感受，媽媽的不舒服也連帶牽動孩子的不舒服，孩子會很樂意配合移動一下位置的。

第二十五章
嬰兒期

生命的課題都是愛，生命放下一切，帶著愛而來。

終結——生命放下一切，帶著愛離開。

個案一

如果告訴你一歲半的小孩會自殺你絕對不敢相信，只是為了討愛，當我引導他面對的過程發現到這顆種子的時候，又挖到「寶藏」了，是多麼的興奮，這顆種子足以顛覆所有生命的歷程，因為生命都活在這顆種子的作用當中。

當時他還在媽媽肚子裡，媽媽去醫院探望親戚，他在醫院發現怎麼每一個人的腦袋都趴在保溫箱上，怎麼沒人關心我都在關心箱子裡面的那個孩子，感覺好像有沒有我都沒有關係，可是我已經都在這裡了，我這麼健康都沒有人看我。只是因為保溫箱裡的那個孩子快死了，才會有那麼多人關注他，原來只要這樣才會有人愛我，在那個時候的他是處於多麼大的錯誤認知裡。

在一歲半的時候，家人都不在家只剩下阿姨在照顧他，他感覺到非常地孤單，他就站在嬰兒車上，他

生命背後的真相
身教　言教　不如胎教

想只要我出事才會有人來看我，他就趴在嬰兒車上往下看，他感覺到死好像也沒什麼可怕，只有出事才會有人來看我，嬰兒車下面剛好有一個陶瓷臉盆，他的頭就直接往下栽下去，他的臉撞在陶瓷臉盆上流了很多血，哇哇大哭，阿姨跑過來嚇到說：「我怎麼向你的爸媽交代，我怎麼擔當得起。」後來這個阿姨就被解雇了。在完全理解之下他自己都很驚訝，從此生命重新洗牌了。

在胎兒期只為了向別人討愛，就在胎兒期產生了錯誤的認知，產生生命價值觀的偏差錯亂，還會在今後的人生當中產生對愛的價值觀扭曲。還好內心有一份覺知，面對自己，整理出自己，以後再也不會發生同樣的問題。否則生命原路的軌跡隨時都在找要出事的體驗，千瘡百孔，傷痕累累，只為了那錯誤的認知，扭曲了生命的價值觀，讓生活偏差錯亂，還好，找到心結，解開了結，就順路了。

個案二

個案在職場爬到了最高層，可是過程當中經歷到的是常常處在看得到吃不到的艱辛的日子當中。原來是在嬰兒期的時候媽媽把他背在背上吃飯，他看著一家人都在吃飯，他卻沒得吃，看到大家吃得津津有味而他的感覺卻是看得到吃不到。所以「看得到吃不到」這門功課也形成他生活中必修的課程。不管是對

於吃，還是對於事業、工作、情感上的課題也常常處在「看得到吃不到」，生命的過程非常的艱辛。經過面對轉換之下「看得到吃不到」就完全轉換成可以達到他的目標了。順風，順水，得心應手。一個認知的扭曲，生命卻要付出那麼多代價，還要問為什麼，終於知道六根擾心，守中無妨。《道德經》裡面的民篇：「五色，令人目盲；五音，令人耳聾；五味，令人口爽；馳騁畋獵，令人心發狂；難得之貨，令人行妨。是以聖人為腹不為目，故去彼取此。」

個案三

媽媽把他抱在懷裡餵奶，他為了討愛就向媽媽開了個玩笑，結果他就狠狠地咬了媽媽的乳頭一口，媽媽很痛把他推開，當時他沒有吃飽肚子還是餓的，可是已經沒得吃飽了，所以這個點形成他心理上很大的一個障礙。「沒得吃飽」就形成他這 40 多年來生活中隨時隨身都要帶點零嘴、點心，這樣隨時都可以拿出零嘴、點心來吃，因為他心靈的深處有一個無明的點，就是一直會害怕沒得吃飽餓肚子。他明白之後，零嘴也漸漸在他身上減少了，他知道這完全是在嬰兒期的一顆無明的種子在作怪。他知道生命已經長大了，現在的他已經不是過去的他了，不是在嬰兒期那個階段了，他就會放下身邊的那些零嘴了。

生命背後的真相
身教　言教　不如胎教

第二十六章
孩童期

有一句話說：「七歲定終生。」也就是說孩童期的七年中都會有一些刻骨銘心的事件發生，而且會延續到你今後的生命過程一而再，再而三地去體驗當時的那份頻率所延展下來的事件。生命非常地慈悲，走到今日所發生的一切在孩童時期一個不經意的事件中都可以找到答案，在那個點就可以生命全盤改寫歷史軌跡。尤其是已經進入到 2021 年，5D 頻率波，這份意識流一定要多一份的覺，覺在當下，用心感受來到面前的發生，過去的發生就會一幕一幕的剝落，生命又重新出發，不被那份電磁波所干擾。這就是存在於存在背後那份道的大慈大悲，用心良苦，陰陽平衡有序循環系統的道法自然。反之，不用心感受，用大腦運作，就真的有事了。大道歸來，一切歸心，萬法唯心造，安平泰樂！

個案一

她在一歲多的時候，她不知道怎麼回事就看著媽媽一直跑，媽媽越跑越遠，她害怕失去媽媽就拼命地追，她沒有顧及到腳下就重重地摔了一跤，很痛很痛，她以為媽媽不要她了。旁邊有大人看到了，大人

講：「這個小孩真可憐。」我引導她：「你是怎麼摔跤的？」這個「摔跤」也就是在她現在生活當中的家庭和事業關係都處在「摔跤」的狀態，所以必須抽絲剝繭地去理解清楚是如何摔跤的？她的眼光都放在很遙遠的地方而忽略了腳下，結果就重重地摔了一跤，別人還笑她好可憐。眼光放在夠不著地方才會讓她摔跤，這就是她目前的生活狀況。

我引導她去看到媽媽一直跑是因為爸爸上班忘了帶東西，媽媽一直跑是去給爸爸送東西，不是媽媽不要她了。在這個點上也在告訴我們大人不管做什麼事也要給孩子一份交代，我們做任何事，也要多一份心，去感受對方的心，才不至於讓對方傷心。不然小孩內心深處那份不安所衍生出來的障礙也是非同小可的，重點是讓小孩安心和放心，這才是為人父母的責任。她也理解到：我的東西就是我的，當我一直追它就離我越來越遠，我不追它也就自然回到我的身邊，要腳踏實地一步一步走，把力氣用在腳上，把心用在腳上，有重心在就不會摔跤，也就可以拿到自己想要的。

她在胎兒的時候，以為當男孩就可以讓媽媽高興，人在偏差錯亂當中遲早都會出問題。當時她生出來的時候，爸爸希望她與眾不同，所以她就真的與眾不同，搞錯位置把自己當男人用，把自己孤立在最高點，不願意融入大環境。後來引導她恢復原狀，低下

頭彎下腰改變態度、改變人生的狀態一切就都會很順利。還原出正確的自己，當下她的身心靈終於表達反應了，才感受到自己愛自己，才感受到自己欣賞自己，才感受到原來女人是這麼的好，像水一樣溫柔，男人自然而然會被吸引。

不管是情感還是財富，每個人都一樣，現在生活中的版本都在孩童時期已經演出來了，只是我們沒有覺察到而已。生命真的很美妙，你看懂了就可以好好地應用它，轉換自己的能量狀態，讓自己過得更順心如意。

個案二

我的學員大部分都知道我在財富這條路上理財的過程有多瘋狂，那簡直是在賭，用賭的心態結局一定是輸，當然我也不例外，是在孩童期種下了一個天大的無明印痕在起作用。七八歲的時候有一天下午我非常地無聊，就到左鄰右舍去串門，剛好鄰居有一個比我小一歲的小孩，我就邀請他來玩酒瓶蓋，玩法是只要讓蓋子翻身就贏了，結果我一口氣就把他的瓶蓋贏光了。看著他失落無助的表情，我在得意忘形之下大叫大笑，結果從屋子裡走出一個社會人士是他的大姐，他大姐對著他說：「換我來，我幫你全部贏回來。」當場我嚇到了，我的意識不是很清醒之下所做出來的事全部是進入到無明的狀態，在這個點

上讓我非常地害怕權威，害怕權威也影響到我的整個生命歷程。

　　害怕之下就沒有分辨力，就只有執行力，她說什麼我就做什麼，她叫我把酒瓶蓋拿出來我就拿出來，她一敲就翻了，就被贏走了。她又下了一個指令：「再來，再拿出來……。」這就形成我生活當中花錢的模式是不斷地給出，給出是無法被控制的，是無明程式的執行力在運作。無明種子的力量無論怎麼壓、怎麼控制、什麼藥物都沒有辦法，除非自己已經覺察到這個點，才有辦法逃出作用力的掌握。

　　接下來她把我所有的酒瓶蓋全部都贏走了，可想而知那份失落感非常的深，我知道這是不對的也是不公平的，可是我講不出話來，因為已經陷入了無意識的無明狀態當中，我內在非常地不甘心，我只有回她一句話：「等我，我再回去拿。」回到家滿肚子的委屈，我就翻箱倒櫃找酒瓶蓋，還想再去賭一把贏回來，翻箱倒櫃的聲響把在睡午覺的爸爸吵醒了，我爸爸就問我：「你在幹什麼？」我說：「我的酒瓶蓋全部被隔壁鄰居的姐姐贏光了，我爸爸回我一句話：「你被大人騙了。」這句「被大人騙了」讓我非常地委屈，我就放聲大哭，這句話也是一個很明顯的印痕，害怕權威就形成我生命中很大的一個關卡，經過這個面對也就全部轉換出去了。

　　我在孩童期的這一段過程影響了我財富的整個

生命背後的真相
身教　言教　不如胎教

過程，我財富的每個過程都會陷入到這樣的狀態，花錢、賣房子也是一樣非常的無明，有一種毀滅性的力量，毀滅沒有好與不好，毀滅是為了要重建，再重生新的出來，否則毀滅是不值得的。直到我覺察到、覺知到整理出自己的生命，這個孩童期也只是一個過程而已，最基本的來源還是在胎兒期。胎兒期所植入的印痕回饋到孩童期，孩童期所發生的事又延伸到生命的整個過程，生命的軸線就是這樣地運作，所以整理生命顯得特別的重要。當一個人可以整理出自己的生命，你下一步走的人生道路就是完全不同的格局、頻率。

內心有一份賭的種子、頻率在起作用，是源自於胎兒期。我在媽媽肚子裡，有一天媽媽煮好了晚餐要去找爸爸回來吃飯，剛好爸爸在路口跟別人在玩骰子賭香腸，媽媽請爸爸回家吃飯，爸爸就說等一下，媽媽就站在旁邊看爸爸玩骰子賭香腸，我在媽媽肚子裡就跟著學，覺得怎麼這麼好玩，我在媽媽肚子裡就開始學會賭。當完整面對之下我就可以「了斷，化解」：了＝瞭解因果；斷＝斷了念頭；化＝化開氣結；解＝和自己過去和解了。重點我從看到成因那刻起再也不會掉入過去舊有的生活模式了。

一個準媽媽當下每個感覺、每個想法、每個情緒、每個波動、每個頻率全部都形成胎兒生命的所有記錄，當下每個有智慧的媽媽做每件事要多一份心用

在肚子裡的孩子感受上，相信孕育出來的小孩將來都是社會上的佼佼者。

除了胎教之外，出生開始家庭教育，學校教育的輸入，耳濡目染影響也是需要多一份瞭解。

1-3 歲：家庭給予她的態度，養成孩子正面或者負面的解讀方式；

3-12 歲：在學校開始被教育，輸入認知模式；

12 歲：小大人了；

12-18 歲：青春期了，開始試用被輸入的模式，發現不符合自己生命 DNA 原本的程式，就開始反抗，對抗，叛逆期開始了；

18 歲：成年了；

18-30 歲：開始有自己的主見，想法，認知，開始裝自己想要的生命程式；

30 歲：大人了，自己對自己的行為負責。

生命背後的真相
身教　言教　不如胎教

第二十七章
胎教

最直接、高效、精準的胎教是你自己想要的是怎樣的孩子，孕婦就把你自己活出那個狀態，你先成為，你肚子裡的孩子就成了那個狀態的版本了，這就是家族命運重新改寫劇本了。

個案一

她覺得很奇怪從小到大和媽媽的關係都不好，什麼事都和媽媽對著幹，媽媽說好她一定說不好，媽媽說要她一定說不要。長大之後媽媽要她和這個對象結婚，她卻偏偏選擇一個媽媽不認同的對象結婚，把媽媽氣得半死，她自己都覺得很奇怪。到了胎兒期才找到問題的根源所在。媽媽懷她的時候胎位不正，醫生建議媽媽每天在家做矯正胎位的動作，當媽媽在做動作時她感覺很好玩，媽媽往下蹲她就站起來，媽媽站起來她就往下蹲；媽媽往前她就往後，媽媽往左她就往右，每天都和媽媽這樣玩。我讓她去理解：「你和媽媽唱反調的時候，媽媽感覺怎麼樣？」她說：「我怎麼感覺到媽媽很辛苦，我怎麼感覺到和她唱反調的時候她使不上勁來，媽媽好辛苦。」她聯想到從小到大都沒有去感受媽媽的感受，任由著自己的性子只是

覺著好玩。她明白了原來這份好玩是源自於胎兒期和媽媽的動作唱反調，還好可以找到真正的原因改變現在的狀態，還原事實的真相，否則這個心結不知道要到什麼時候才能解開。

這就是胎教，你怎麼做他就怎麼學，你怎麼說他就怎麼做。不用埋怨怎麼會生出這麼不聽話的小孩，這些都是我們教出來的，也不要埋怨為什麼會有這樣的父母親，父母親也是我們選擇而來的。相對地從胎教去教導胎兒去做愛的事，讓內心這份愛流動出去，宇宙回流法則必會在生活物質層面顯現出來，當然從母親本身做起已經在教會孩子了，所以說「真理無法被教導，只能去經驗」，媽媽在做的當時已經帶著孩子在經驗愛的流動，這份愛將是母親送給孩子生生世世用不完的財富。

個案二

我兒子讀初中時，有一次數學考了 36 分，我一題一題地看這張考卷，看完後我說：「這張考卷的考題都是你小學五年級學過的，你怎麼才考 36 分？」他聽完之後呆住了，我從他的表情上看出他連考題的題目都沒看，我就說：「你連考卷的題目都沒有看，然後你就亂猜亂寫對不對？」然後他就笑了。我不責怪孩子，因為孩子的問題都在大人身上，我就在想胎兒期到底出了什麼事？我終於明白了，我懷他的時候

生命背後的真相
身教　言教　不如胎教

在法院做不動產買賣的工作，我在法院走廊的公布欄上看到密密麻麻的阿拉伯數字，當我看到公布欄的時候整個頭都暈了，我就告訴自己賺錢不需要這麼辛苦，也等同於在教導我的孩子賺錢不需要這麼辛苦。終於知道孩子是在這個點上出了問題，數學考卷就像公布欄上房地產的地畝、價位、坪數、地號、地標，在那個點上也讓他感受到根本不用看，亂猜就可以了。我就找來我的一個學長，讓她引導我回到我懷孕的時候在法院看公布欄上的內容，我就一個字一個字地看清楚，看得非常詳細，心裡非常地開心愉悅，因為這些數字都是金錢、財富。當我在這個事件點上意識轉換過來之後我的兒子也改變了，在他的胎兒期做了改變，回到生活中他也改變了，他下一次的數學考卷已經是 80 多分了。

　　胎教是最親近的人在影響著孩子，在生活中孕育小生命的時候需要在胎兒身上多一點心思，給他營造一個最適合他的能量場，生物槽，讓他的生命歷程走得更順暢，這才是最有智慧的胎教。有一句話說對孩子需要身教、言教。身教、言教很重要，但最重要的是胎教。

第二十八章
孕婦的飲食、服藥、打針

　　打針會讓孩子感受到媽媽不要我了，這個時候孩子會拒絕媽媽的愛，誤解媽媽的愛，曲解媽媽的愛，又會延伸複製到胎兒以後爲人母懷孕的時候，她也會不要她的孩子，這是種子複製的可怕。

　　有一個孕婦吃錯藥了，藥就通過肚臍到達臍帶，到達胎兒的全身感覺又熱又脹，通過排汗把藥物排出去，這個過程是在對身體做一個保護作用。吃錯藥可能會直接傷害到胎兒的生殖器官，藥是一種激素，可以直接傷到心、腎和生殖系統，所以孕婦不能隨便吃藥打針，這些都是我們要儘量提防的。只要感覺身體有任何的不舒服、不適，就大量地喝水、吃水果，補充水果的維他命 C 就可以緩解，孩子會得到很大的滋潤和滋養，以及轉換心態的能量頻率很重要，拉高意識高度，念頭一轉海闊天空，孩子就不會受到大人不舒服的影響。大量休息，補充營養，補足水果的維他命 C，吃綠藻對孩子毛髮茂盛非常地有用。

　　有一個孕婦心痛到喘不過氣，害怕沒命就吃藥了，吃藥之後全身的細胞都增大，全身發熱，肚子很脹喘不過氣，最後也是通過全身地排汗把藥物排出去，身體才恢復到原狀。

生命背後的真相
　　　身教　言教　不如胎教

有一個孕婦吵架了睡不著，可是爲了上班必須睡覺，她只想到自己卻沒有想到孩子就吃了安眠藥，吃下去之後胎兒就感覺到腦部被藥物麻痺昏沉沉的，胎兒就在媽媽肚子裡睡了十天。胎兒腦神經沒有反應，身體不聽使喚，腦部是替我們的心在行使功能，掌握著全身的機能，當胎兒腦部被麻痺之後就昏沉了十天，十天之後藥效慢慢退掉他才清醒過來，這樣的孩子在以後生活當中就會常常處在昏沉沉的狀態，這不是我們身爲大人所願意看到的。對於心靈無明基因的複製，我們不得不防。

　　吃的食物前面也提到，如菸酒、辣椒等刺激性的東西都會傷害到孩子身體機能，更何況是藥物。傷害到身體的器官會緊縮、麻木、不活躍，生活沒有動力激情，慢慢吞吞，提不起勁，這些現象在生活中常常會出來作怪，所以防患未然才是最明智的選擇。

第二十九章
夫妻吵架、打架

個案

　　她在媽媽肚子裡感受到爸媽在打架，她很想幫爸爸去打媽媽，結果拳打腳踢沒有打到就亂抓，最後把臍帶套在脖子上缺氧頭痛，生氣之下就更恨媽媽。到現在還感覺到有繩子套在脖子上的感覺，生活是偏差錯亂的。媽媽常常生氣之下那股氣就壓到子宮，孩子感覺到子宮非常寒冷，出生之後她就是寒性體質。心寒怕冷的感受就是沒有人愛我，等待的過程是焦慮、緊張、憤怒、恐懼，她最終做了一個決定要離開。胎兒感受不到愛他的雙腳就開始萎縮，更嚴重的是心也開始萎縮，心萎縮會得小兒麻痺症。還好媽媽覺察到這個點就轉換意識頻率挽救了孩子，媽媽有想到孩子的存在，讓這份愛點燃，愛是一切的基礎。為了孩子就要替孩子設想，所以一想到肚子裡的孩子全身的氣血就活躍起來，肚子裡的胎兒就開始慢慢長大了，生命開始成長，胎兒在有溫暖有愛的地方感覺很安全。媽媽也感受到這份安靜和溫暖，爸爸回來了幫媽媽蓋被子，手放在肚子上慢慢地睡著了，全家都活在愛裡面。

　　當一個人懂得愛自己別人才有辦法愛你，用愛來

生命背後的真相
　　　身教　言教　不如胎教

滋潤生命，轉換內在愛的頻率，身邊的人都會被你這份愛的頻率所吸引，家庭和諧，幸福美滿。生命有高度就可以收到全面性的資訊，高度來自於能量的穩定度及密度。

第三十章
身為第三者的自己如何自救

　　目前，社會當中存在著一種不坦然的第三者角色，三角關係，不能結婚，很彆扭，又不知怎麼處理，困在裡面。主要原因是有了小孩，孩子不能沒有父親，父親也無法割捨下小孩，更不能拋下原有的妻室，這樣的心靈負荷久了必需找出口，否則身心靈會出問題。貪欲生起好奇心，這些都只是你的位置出現了問題，都只是你將生命的位置擺在哪裡而已，最終都是要回到自己，做好每個當下的自己才是生命真實的意義。

個案

　　我問她：「當時一男一女偷情做愛與你何關？」她忽然間恍然大悟地說：「對啊，是我自己介入到別人的關係，一男一女在做愛是他們的事與我無關，是我自己貪欲生起了好奇心，我也要感受那份開心，我要對自己的貪欲負責任，不再怨恨媽媽了，原來我錯怪媽媽了，原來問題一直在我自己身上。」我又問她：「這讓你聯想到你和你老公什麼事？」她哈哈大笑，她終於笑開懷了，由內心敞開地大笑：「是我去勾引他的，當時我才 19 歲很好奇，我也要去感受那份男

女偷情的開心，所以我介入到別人的家庭。」

　　我問她：「現在生活中的你位置在哪裡？」她說：「我的位置是母親又是女兒，當我想要去搶別人的位置，痛苦就開始了。沒有安全感是因爲我找不到自己的位置，我的位置在家裡，家就是我的籌碼，其實也沒有籌碼，只有責任所在。」我又問她：「整個生命的過程對照你目前的處境你看到什麼？」她說：「我不能原諒自己是第三者。」我再問她：「對於『第三者』這個名詞，你不能原諒自己什麼？」她說：「不能原諒自己是受害者。」當她講出這句話的時候，她終於發現到事實的眞相。她說：「我不是受害者，我是自私的，我沒有顧及到別人的感受，其實他和他老婆才是眞正的受害者，是我對不起他老婆，是我對不起他。現在我的處境是我在承擔我的責任，當我可以承擔起我的責任，別人也能賦予我責任。」

　　我再問她：「你要用什麼方式去承擔責任？」她說：「用感恩的心感恩我的父母生下我，給我生命，養育我長大；感恩我的小孩讓我體驗知道如何付出愛、責任；感恩老公給我帶來孩子，給我現在的生活帶來快樂，他是有責任心的男人。」當她領悟到這一點的時候，她非常地開心喜悅，她心中所有的結全部都解開了，還原到內在新的生命力滔滔不絕地湧現出來，她充滿著踏實與感恩的心結束了這次心靈之旅。她回到生活中去實現她應該覺醒的過程，她的生命版

本完全改變了，也在於她願意回到自己的內心來面對自己，來整理自己給自己的這份犒賞而已，所以沒有所謂的籌碼，也沒有所謂的第三者，也沒有所謂的受害者、加害者，都只是體驗者。體驗中如何讓生命去到真理實相，把真相還原出來，生活中確實翻身才是重點。

　　新紀元的到來，提升對每個人都有一份連帶的共同責任，當一個人心動搖能量就擴散，你不想面對你會有一百個理由，當你不把這件事情當一回事，這件事就一直纏繞著你，當她整理出這段情感之後覺得生命非常地踏實，至於是不是第三者已經不重要了，最重要的是她看到了她的問題，她看到了她的責任在哪裡，她看到她的心在哪裡，她看到她的愛必須放在哪裡。事件發生是靈魂只想從過去的生命中解脫出來，她已經面對了，她已經瞭解到一個女人回到自己的位置是何等重要，當她放掉自己往外的指責和抓取，回歸內心的位置，那份彼此拉扯的力道就鬆開了，她的孩子、父母、伴侶也都歸位了，牽一髮而動全身，才說「女人好而天下安」，女人是家庭的風水，女人的角色在家庭是何其的重要。

　　處在 2021 年已經進入到 5D 新人類黃金新紀元的時空點，各方面的連接轉換平衡速度會很快，因為宇宙的原子結構在膨脹，時間在壓縮，品質在放大，重量在加重，速度在加快，大能量才能引爆出來靈性

生命背後的真相
身教　言教　不如胎教

整個提升。當我們內在有任何的自責心、內疚心、愧對心，自己對自己過不去的這份心要突破的速度會很快，未來會讓我們不斷地面對揚升。當我們看到這個點的時候，就允許自己在生活中完全地讓過去成為過去來改變自己，生命存在的整個層面就轉換到光明跑道。

能量三要素：

一、能量總是反應在事件之前。

二、人做不到能量幫你做到。

三、要什麼拿能量來換。

第三十一章
婦產科醫生

個案一

　　她是一位婦產科醫生，她還在工作的時候就已經懷孕了，所以她所做的每一個行為都是胎教，都是在教導自己的小孩。一個病人帶著小孩來看病，小孩在一邊吵吵鬧鬧，她告訴病人說：「不要太溺愛嬌慣孩子，不要太寵孩子。」

　　有一個病人要做人流，護士在旁邊說了一句話：「你來看看這個小孩有小手，有脊椎，小孩已經有三個月了，他的爸爸媽媽都不要他，多可惜啊！」她心生憐憫，做人流的過程沒有麻醉，病人躺在病床上叫痛，她說：「你忍著點不要叫，我只是一個醫生你要配合我，是你自己不想要孩子的，請你配合不要叫疼。」

　　她在兒科幫小孩打針，小孩疼得哭了，她就告訴小孩：「不要哭不要叫，再哭我就不管你了，你就不要再來了。」在這個點上無形當中已經影響到她肚子裡的胎兒了，往後和兒子之間沒有辦法溝通，因為在教導別人的時候也在給自己的孩子做教導，這就是胎教。

　　可想而知，這個婦產科醫生和她肚子裡的孩子

生命背後的真相
　　　身教　言教　不如胎教

已經產生非常嚴重的隔閡，這是我們在平常工作生活當中都沒有顧及到的，她也在面對的過程當中瞭解到：缺乏父母愛的孩子人格會產生偏差，只有我們主動去承認錯誤，和他在一起給他愛。我問她：「你現在學會了做什麼？」她說：「我在他胎兒期的時候教會他發火生氣，現在能做的是和他交流，孩子在發火是因為他缺乏媽媽的愛，只有媽媽給他愛才能融化他的恨，當恨不見了就開始有愛，有了充分的愛他的肝就沒有火氣，肝病自然就好了。」我說：「你如何治療兒子的肝病？」她說：「我會用我的愛滅掉他的肝火。」

媽媽對孩子的愛都是分分秒秒的，母愛是天性，只是在工作當時忽視了，不管孩子有多大，也永遠都是媽媽的孩子。必須要用愛和孩子好好地交流，孩子發火是在向媽媽討愛，媽媽只要接受就能平衡、療癒一切，因為愛是最大的力量。

個案二

她是一位婦產科醫生，她找到我請我幫她一個忙，她說：「這件事情已經過去 30 多年了，可是媽媽到現在還是耿耿於懷。」我和她就一起來面對到底發生了什麼事，她媽媽在生她之前還生過一個男孩，這個男孩生下來她媽媽一眼都沒看到，醫生就說：「孩子沒有呼吸了。」就讓護士當場處理掉，可是從那以

後媽媽就不相信那件事是真的，到現在還認為孩子沒有死，常常做夢夢見孩子。可見這件事對她媽媽是非常嚴重的失落，尤其是失去至親至愛的失落，這份失落會讓身為母親的放不下，自責的感覺就像一個石頭重重地壓在胸口一樣。

　　我就用角色互換法引導她去經歷媽媽生產的整個過程，就發現這個孩子在媽媽肚子裡不是很健康，可是也沒有那麼嚴重。醫院院長的一個朋友請求院長能夠幫助他尋找是否有孩子願意給別人認養，院長讓婦產科人員留意是否有合適的人選，媽媽剛好就碰上了，每次在做產檢醫生都說胎兒虛弱，慢慢地告知產婦胎兒的健康可能會出問題，胎兒可能會怎麼樣，先讓產婦有一個心理準備。預產期到了，產婦在醫院也順產了，在出生的時候醫生沒有讓孩子哭，就說孩子已經沒有呼吸了，請護士抱去直接處理掉。在這個點上我也引導她去看護士把這個孩子抱到哪裡？她看到護士把這個孩子整理好給外面院長的朋友直接抱走了。我再引導她去看這個孩子目前的狀況，她說這個孩子幾十歲了已經成家立業，還有一個小企業的成就，日子過得非常好。

　　我再引導她去看這個孩子和母親的因緣，她看到前世這個孩子也是她母親的孩子，可是才剛生出來不久就把孩子送給別人收養了，這個孩子這一世再通過媽媽的身體來到世界上，也是經歷和前世一模一樣

生命背後的真相
　　　　身教　言教　不如胎教

的版本，只是通過媽媽的身體來出生，他的目的主要是來報恩。我問他：「報誰的恩？」她說：「對收養他的那對夫妻報恩。」這一世收養他的這對夫妻就是前世收養他的那對夫妻，當看到前世因果這位婦產科醫生完全瞭解了，她問我說：「這件事要不要告訴媽媽？」我說：「不需要，因為回溯前世因緣的過程，你媽媽的靈魂和那個孩子的靈魂已經在面對自己的生命了，他們也完全明白放下了，事件的發生只想從過去的生命中解脫出來，它已經在面對了，只是我們沒有看到整個多元時空同時存在的全面性而已。」

　　靈魂非常地不可思議，它為了要解脫就到處尋求管道。今世的因緣也是靈魂創造要來面對自己的，從這個個案裡面也可以看到「欲知前世因，今生受者是；欲知來世果，今生做者是。」前世今生一模一樣的版本都是自己做給自己的，當能夠看到就可以全然地放下，就可以全然地釋懷，你就真正解脫，真正自由了，真正地自由是只有當下，此時此刻，過去已經影響不了你了。

個案三

　　有一天，我發現我的爸爸歌聲音調提不上來，沒有辦法轉換音軌的頻率，然後就產生膀胱無力的現象，當我看到之後非常地不忍心，因為爸爸唯一的愛好就是唱歌，當他唯一的愛好無法流暢進行的時候生

命就會產生很大的挫折。有一次，我在被引導整理生命的時候，爸爸的意識也來到我的面前面對他自己。一個人的聲帶、喉嚨出現問題，就是應該表達的時候沒有表達出來，不斷地壓抑到最後整個會引爆。當他意識出現在我面前面對他自己的生命過程，我意識中的畫面就迅速轉到幾十年前的景象，爸爸對我說：「你很不聽話，做了很多不該做的事情，爸爸都看在眼裡心知肚明，只是沒有講出口，捨不得責罵、責怪你，不是爸爸放縱你。」當我聽到爸爸對我這樣表達的時候我非常地開心，爸爸終於可以表達出他內心壓抑了幾十年沒開口的話，終於表達他的感受讓我知道，這個過程他在面對自己，表達自己。我就問他：「你能夠這樣表達那麼你的聲帶就可以完全恢復正常唱歌，膀胱無力的問題也就可以完全恢復正常了，是不是？」爸爸很開心地笑著說：「是！」然後他的意識就在我面前離開消失了。過年我開車回到老家，當我車快到家裡院子的時候，發現爸爸在窗戶探著頭看我，然後他就把客廳唱歌的音響系統打開，當我到院子裡把車熄火，我沒有下車，就在車上聽爸爸唱歌，我發現爸爸的聲帶功能都恢復正常了。他唱完歌我就走進去，抱著爸爸說：「爸爸，你的聲帶終於恢復正常了。」爸爸說：「是的……」非常地開心。

　　我們的靈魂非常地智慧，非常地機靈，它不願意讓自己再這樣受苦，就會尋求各方面的管道、機會、

生命背後的真相
　　　身教　言教　不如胎教

因緣來拯救自己，把自己靈性從痛苦的深淵裡面拯救
出來，生命就自由奔放了。

第三十二章
胎兒受到極度的恐懼如何釋放

個案

　　她在國小的時候發生了一件事情，這件事影響到整個家庭層面，到現在這件事還卡在心中，我引導她去面對。她的弟弟三歲多，性格膽小，不敢大聲講話，不敢哭也不敢叫，躲躲藏藏不敢見人。在一天颱風下雨又打雷的夜裡，弟弟肚子痛，全家人都非常地緊張，父母親用盡了方法都沒有辦法讓弟弟的疼痛減緩，她看到這樣的情況也不敢哭，擔心哭了會發生什麼的事情。弟弟放聲大哭，哭到死去活來，好像把他這輩子不敢哭出來的聲音全部都哭出來了。當媽媽把弟弟送到醫院的時候，弟弟已經不能講話就這樣往生了，當時她看到爸爸低著頭，狂哭捶胸打自己，爸爸說：「我什麼都可以沒有，我可以不要命不能沒有兒子，我沒有兒子就沒有臉見人，會被人笑話。」當她看到這一幕的時候，她也感受到自己身為女性的不被重視。

　　我就引導她去看弟弟到底發生了什麼事，她終於瞭解到，弟弟不想躲躲藏藏過得這麼痛苦，不敢哭、不敢叫又不能說話，他不想要這樣的生活方式，他想要減輕家庭的負擔，不想連累家人，所以就在這個狂

生命背後的真相
　　　身教　言教　不如胎教

風大雨的夜裡選擇離開了。我就引導她去幫弟弟釋放這個恐懼，她感受到恐懼達到極點的時候，全身的感覺像是被火燒一樣地痛，全身火辣辣痛，整體身體的細胞都在轉換。她在幫弟弟釋放恐懼也等於在幫自己釋放恐懼，這是量子共振原理，恐懼釋放出去，裡面就是愛了，也就只有愛可以喚醒愛，也就通過弟弟的恐懼來釋放她的恐懼。火辣辣的感覺就是一股大能量，大能量裡面有愛、有血液在流動，全身的細胞通過動在啟動所有的細胞，整個過程浴火重生的痛是在滲透、穿透，將積壓的負能量全部釋放出來。當恐懼釋放完之後生命也得到轉換，弟弟也不用因為這樣的往生而影響到下一次新的生命歷程，下一次的生命光粒子帶來是全身轉化過新的滿滿愛的能量。

孔子曰：「未知生，焉知死。」

生死是人生大事，讓自己下次生命更好走，往生點不可輕忽喔！

第三十三章
玩大了把自己玩進去

　　萬物一切都是由能量組成，空間的折疊和宇宙的重疊產生不同的空間交集形狀，平行宇宙與多重宇宙雖然看似不侵犯，但還是可以相互產生交集。在不同的宇宙同樣的人事物選擇不同故事，可以經歷不同的經歷，爲了更快速經歷不同的經歷，兩個宇宙有交集時，馬上就可切換身分和經歷，是無限的自己到不同的宇宙去體驗，多一個想法就多一個宇宙，只有光進去就反射出去，就形成三角反射區域的能量體。

　　他要來證明自己不會被打敗，想不到整個生命歷程玩大了把自己玩進去，徹底地被自己打敗。要投胎時有一個吸力產生，自己一個衝動產生很強的衝力，吸力加衝力就形成了他的興奮，興奮是一個新鮮又好玩的開始，他又擔心不知會有什麼樣的變數，結果他就被吸進去了。卵子向烏賊一樣有伸張和收縮，然後自己就被吸進去了，進去之後自己像一個電子雲有拉力、有阻力，可是又很和諧、平衡，一切根本的原因就是能量，一切存在有正負的能量。

　　出生的時候非常地興奮，又要開始玩新鮮的，可是擔心不知道又會有什麼樣的變數。感覺到有一股推力要把他推出去，他就依賴這一股推力終於成功地把

生命背後的真相
　身教　言教　不如胎教

自己推出去了，鬆了一口氣。醫生說了一句話：「出來了，很簡單，不難嘛。」

　　在嬰兒的時候，需要去打預防針，媽媽為了省錢就不帶他去打預防針，結果他心跳得很快，熱氣從身體裡面冒出來，眼神呆滯，全身疲軟無力不想動，可是他心裡急著想要去打預防針。乾媽來了，乾媽對媽媽說：「不要等他發燒就糟糕了，趕快帶去打預防針。」媽媽說：「孩子只是驚嚇，沒有關係的。」可是他心裡想：「媽媽你想錯了，快一點帶我去打預防針。」後來他真的發燒了，帶到醫院去醫生說：「不能打，已經發燒了不能打預防針，必須要等退燒之後再來打。」可是那之後就更發燒了，發燒是因為自己生氣了，被媽媽誤解了，所以透過這種方式來嚇唬媽媽，教訓媽媽。後來發燒了好幾天，結果一發不可收拾，又燒又吐，第二天又抱去打針，醫生說發燒不能打，媽媽又把他抱回來了。回家之後又發燒了兩天，就在醫院和家裡之間來來回回，結果一發不可收拾，雙腳開始酸軟無力萎縮了，最後就得了小兒麻痺症。

　　他今生是來證明自己不被打敗也不在乎，一來就徹底地被自己打敗了。後來在引導的過程中讓他去看到自己對腳的這份責任，是因為他給自己的壓力太大了，他為了要證明自己和別人不一樣，為了要吸引別人的注意，當他看到這些成因之後，他的腳也慢慢地有了支撐力。所有的問題只要看到就簡單了，看不

到它就一直存在，它存在背後的本質只是為了讓你看到它的存在成因，看到自己的問題，原來就是這個念頭使然，錯誤的認知所形成的因素，告訴自己要記得腳的存在不再依賴拐杖，拐杖會形成依賴造成物質的變形，過度使用拐杖只會造成更大的傷害。要想加強肌肉的力量，腳板和腳趾頭必須先有力量抓緊就要放鬆，就要開始放掉拐杖。內在已經具足，只要一個念頭，只要一個相信一切都是健全的，相信原本什麼都具足的自己。

回歸單純，不要想要教訓誰，教訓到最後都是在教訓自己，再多的創化教訓別人只會更迷失自己。看著他把教訓別人的心放下，終於放下了 30 多年的拐杖了。自己本身就是健康的生命，還原給自己健康的身體。

生命背後的真相
身教　言教　不如胎教

第三十四章
靈魂對愛的告白

　　所謂愛也就是陰陽合一，所謂合一又會再次地分離，會經驗這份離開的不捨。兩個光子，他對她說：「你要等我回來，我很快就會回來，我先離開了。」她害怕萬一他沒有回來自己無法承受，她對他說：「我會等你，你要來找我，讓我們生生世世在一起。」心裡萬般的不捨，這就是陰陽合一的愛。兩個光子合一是為了體驗真愛，兩個本來是緊密的但慢慢地撕裂分開，不管外在是怎麼變化真愛永遠不變，每個光子是獨立的個體，合一是光合一在一起，自己沒有迷失在愛裡，愛和光相依偎，愛通過心靈作表達。給予是勇氣，接受沒有目的。沒有愛才執著愛，帶著光進入愛才是真愛。

　　當生命的自己和自己陰陽合一之後，一個又會分成兩個，這就是分離不舒服的感覺，這種不舒服好像是心裡有東西要掙脫出去，另一個自己會跟我說：「放心，我很好，讓我好好地走。」這種不捨反而對我形成一個束縛。緊接著高我又對我說：「想不想去體驗不一樣的生活。」我非常願意，很開心。一個靈要在天上，一個靈要下去體驗，非常地心痛不捨，不捨是因為自己要和自己分離。他要和我分離所以要放下自

己，自己才能成長，我有一點不太放心，怕他會受傷。

我對白髮仙翁說：「我要下去做他們的小孩。」白髮仙翁說：「還不是時候，你下去要做什麼？」我說：「我希望和他們圓滿我的心願。」白髮仙翁嘆了一口氣，結果我就下來了，下來半路插入請他離開讓我如願，他讓我如願，面對面地看到另外一個我，很難過、很感動、很慈悲。接著看到一道光慢慢地散去，這道光非常的祥和，我的靈魂就直接鑽進去。媽媽躺在床上非常地不舒服，快窒息了，醫生跑來跑去很慌張，胎位不正。我開始後悔衝動了，這好像不是屬於我的地方，因為不喜歡被侷限在一個地方很悶、很害怕。非常地猶豫這一切到底對不對，正在猶豫的時候醫生用機器套住我的頭，我掙扎，醫生說：「加油，快出來了。」我努力地想掙脫出來，我告訴自己：「一定會成功的。」我掙脫出來了，重生脫穎而出的感覺非常地喜悅。感覺好累想睡覺，他們抱起我鼓勵我不能睡，我就哭出來，這趟是來還願修行的，所以不想被套住成了此生主修課題。

也就是星球爆炸的時間點早就註定了，靈魂從中掙脫出來只有去體驗，爆炸只是肉體的感覺，很多事是註定的，不必自責，是有使命應該要解脫，離開那個地方不讓自己留在不捨的自責當中。根本沒有時間、物質、空間，什麼都沒有，為什麼把自己框在裡面，每個人都有自己的使命和任務，所以要解脫。

生命背後的真相
身教　言教　不如胎教

回歸生命源頭：愛、喜悅和自由。我是一切，一切是我，就是那份回歸大道的無限性。

第三十五章
靈魂投胎的心路歷程，一切清楚明白

　　看著無垠的太空，我要怎麼做才能保住這份覺性，細胞融合成小宇宙一切生滅現象，我又將投入到這個現象。在體驗當中這份覺性可能會迷失，只要保持這份覺性，在因緣成熟時必將顯現，必須在體驗的專案中作提醒，物質化的過程、物質化的執著、物質化的一切是最難解脫的。剩下一個提醒點，對肉體細胞的執著來提醒自己，在因緣成熟時，要經歷女人內心得與失的衝突，提醒自己從這個執著點突破出來，理解大破執著是爲了要創造出對立的不一樣，這樣還不夠，要讓自己在這段時間完全沒有出路。我瞭解到不用嚴格的方式自己也沒有辦法把握，我要讓自己置之死地而後生，我要受苦到讓自己的靈魂提醒自己，這樣的受苦是一個手段，目的是將我的體驗和之前的理論作實際行動的結合。沒有想很久，沒有思考很久，這是我的責任，去體驗、去體悟、去傳導所有的人能用同樣的心態去看待宇宙整個生滅現象，以及現象界的因緣。

　　當執著在一面，另一面會產生是因爲自己創造的結果，只要是現象就不可避免的對立，用接納的心看

生命背後的真相
身教　言教　不如胎教

待一切。下了一個機制，將用最執著的形態來提醒自己，看到女性外表的執著比男性強很多。為了取悅男性，為了自我沒有信心，所以競爭就成了相對性。

我承諾我要補足不完美的智慧，我要體驗、經歷、學習愛。當瞭解到要再重蹈覆轍的時候，我下了一個決定，把自己沒學習完整的再次做個學習的終結，會收到需要被說明的訊息。我一定會很徹底地去用不同的角色去提醒、去扮演、去體驗不同的角色，目的是要喚醒、要經歷、要學習、要提升，會產生很大的負面情緒、影響力、作用力、反作用力，看清楚之後才知道如何對症下藥。將心比心，我經歷過才能瞭解到每個人是什麼，因為什麼讓他們痛苦？因為什麼讓他們走不出來？因為我經歷過、瞭解過，感同身受。

物質發展是必須的現象，但它已經質化了，已經開始輪迴、毀滅、警示，用更大的智慧、更大的包容來看待宇宙。生滅迴圈變化沒有對與錯，每一次的毀滅事件一定要再更深入投入到那個最基本點，才有辦法瞭解到它真正的本質，不然落差會很大。身心靈是一體的，一個細胞牽動一髮就動全身，讓意識回歸源頭頻率的匹配足夠，我們的意念是可以主導一切，善念改變，物質肉體就會跟著改變。

善用光和水的療癒方式，藥物可治療我們的物質體，光和水可療癒我們的靈魂體，對於因緣未成熟

的眾生，藥物的療癒也是必要的。不斷用水和光來淨
化，不斷地提升靈性狀態，不斷用光和水洗滌、重構
生命程式，靈性的意識狀態就會不斷地揚升，把所有
細胞記憶全部洗滌重新組合、重新排列，重新歸位，
生命程式因此改寫。

　　信念非常重要，一念天堂，一念地獄，一切都是
自心創造。轉變信念重構意識，有機會要把更好的智
慧宣揚出去，意識不夠高，智慧不完整就無法應變一
些開始質變的東西，體驗是為了補足不完整的智慧，
要再去經歷、再去體驗、再去學習。大成若缺，其用
不弊，把更完整的生命圓滿給自己。

生命背後的真相
身教　言教　不如胎教

第三十六章
覺醒靈魂的告白

　　一個光點在宇宙中運行，無聲無息，它內在有方向，「我就是宇宙」。巨大的能量在運轉，整個宇宙以我為中心，我怎麼想它就怎麼變，整個宇宙也是我創造出來的，我就是那個念頭。光點下來了非常地激動、非常地興奮、非常地好奇、非常地衝動，金黃色的光照亮著我，我就是要走這條路。卵子和精子碰撞時產生更大的光，我就朝著光過去，「小我」融入「大我」形成了「無我」，我不見了，為了證明自己存在，所以我又開始找方向了。

　　媽媽很強大，可以給我足夠的保護，可以給我足夠力量的支持，我就能夠健康快樂地成長，接著就成熟了，懶洋洋的很舒服不想出去，可是又想到外面看看有什麼好玩的。腳蹬一下就往外走，速度非常地快，力量越來越大，慢慢地感覺無力，施展不出來，只有全力以赴出來，外面很亮很刺眼，可是非常地好奇，覺得很好玩，聽到外面說：「快了，快了，快出來了。」打算要好好地去瞭解這個世界。來到這個世界人心不平就會產生地震，冷酷無情就會結冰，貪婪就會產生洪澇，憤怒就會產生颱風，嗔恨就會產生烈火，這一切都是要通過愛來化解，這些負面的想法都

把整個的愛遮擋住了，所以必須還原出愛來。

　　眞正地和自己連結，和內心連結，每個當下都和內在連結，愛自己也能感受到別人的愛。愛被當成了工具就會扭曲，就變成可怕的陷阱，有分別心的時候就會產生貪婪，就會造下更多的業力。一切都沒有分別，都是自己的內心在分別，自己常因這樣的特質反而害了自己，還沾沾自喜。經歷中學習，學習得到智慧，這才叫成長。

　　當別人對不起我時，一定有他的苦衷，一定有他迫不得已的難處，如果不是這樣別人又何必辛苦地隱瞞你，因爲太難堪，太難以面對才要辛苦地隱瞞你。當別人對不起我時，用更高的智慧去體諒他的苦楚，不需要做出任何的行爲，避免造成無法彌補的後果。當一個人把愛壓抑下來，是他沒有辦法理解到這份眞愛，看到背後的眞愛，就可以理解到這份偉大的愛。

　　《道德經》談道大，天大，地大，人亦大，這份大就是內在意識的大。當意識有了，一切都爲你所有，一切爲你所用，生命大道在心，生命是一條往內走的大道，具備三雙道眼，大曰逝，逝曰遠，遠曰反，大道至簡，返璞歸眞。

覺醒三要素：

　　一、能量＞事件，連根拔除。

　　二、當下卽是。

生命背後的真相
身教　言教　不如胎教

三、生命程式攤開來看清楚。

宇宙是一個意念空間，可以醞釀創造生命，憤怒的意念投射在空間就慢慢形成了負面的物質。物質體會隨著意念而增大、放大，在虛空中什麼都不是，用意念可轉化成任何東西，空中生妙有，創造力超出宇宙的空間。光只是一個中間介質，再去轉化一個意識達成你想要的，不要拘泥於用什麼形式，意念體是心的意識能量，意念大能量就大。能量光體可以隨需要而改變，讓心的意識擴展到整個空間，當你可以捨下的時候，你的另一個新天地已經為你展開。

當一個人放手的時候，宇宙能量就是複製的狀態，只有放手和存在在一起那就是享受。能量轉動起來就會越轉越快，把能量啟動、調動、啟動，內心的力量就是熱能，心情愉快就是高能量，喜悅、自由、自在。把之前忽略的重新正視它，裡面有很多的智慧要給你，成長是看清事情的本質，不再犯同樣的錯誤，從錯誤中才能學習，學習到了就有價值。大破大立，就是新生命的鑰匙。鑰匙的密碼：大放，大給，大反。

一個人的失落會因為一次又一次地找回失落的部分而自己又創造了失落，當完全明白之後就是完整的自己。當執著再堅持下去就意味著失去事實的一切更多，執迷不悟什麼都會沒有，執著在一個點就已經進入牢籠了。做什麼都不重要好好地做回自己，內在

合一那才是真實的自己，為了解脫而去追求反而不得解脫。沒有一個大師可以教導我們如何成佛，大師在我們內在的覺性裡，不要為了執著而抱回了更大的執著。修行連概念都是多餘的，因為自己得不到才要去追求，根本沒有圓滿的概念，只是一個存在而已，生命就是走過存在。

從整個胎兒期產道期的過程，我們看到了一顆種子足以毀滅我們的幸福人生，相反的，轉換出新的意識能量頻率狀態就可以使靈性達到更高的意識層面。我們一直在談愛，卻總是把陰陽分離了，陰陽沒有合一哪有真愛，啟動能量、運作能量妙不可言，在能量的意識覺醒之下，未來的人類只會越來越擴展，越來越光明，這就是覺醒的途徑。

第三十七章
家道～圓滿家庭

　　生生世世只爲了一件事～圓滿家庭。

　　圓滿家庭是圓滿所有的起點，眞正的修行～面對圓滿家庭～修行才開始。

　　有5個家要圓滿

　　叫宇宙生命大圓滿

　　什麼叫解脫

　　什麼叫覺醒

　　什麼叫開悟

　　什麼叫了脫

　　這些元素全部都在圓滿家庭裡面

　　圓滿家庭的前提，先圓滿自己

　　圓滿自己

　　就是圓滿內心的這個家（生命第一把交易是跟自己成交）

　　當內在這個家圓滿了就有籌碼圓滿家庭

　　所以：活好自己比什麼都重要

　　5個家：

　　1.你現在每天生活面對的這個家。

　　2.還有一個原生家庭。

父母生育我們，我們長大的兄弟姐妹一起的原生家庭。

3. 還有一個大的家，就是國家。

國家也是一個大家庭，每個家庭都是國家的細胞，細胞健康，身體自然強壯，國家要安康，做好自己，讓心舒服很重要。

4. 接下來就是天地父母，這也是一個家。

所有存在於天地萬物的動物、植物、生物、微生物、礦物這些存在，所有存在都是我們的家人。

5. 還有一個就是源頭靈魂的那個家。

源頭靈魂的那個家，就是道，就是「水」，就是一切卽一，一卽一切。

我是一
我是眞
我是道
我是水

當對「家」的意義層次漸進的概念可以理解，就知道你現在位置在哪裡，當你知道你位置在哪裡，事情就好做了。

以終爲始，愼終如始

生命背後的真相
身教　言教　不如胎教

我們回來看這個天地父母，大自然萬物，都是我
們的家人，所有萬物存在都有靈性存在，只是這份存
在物種的型態不同，體驗方式跟人類不同而已，所有
的存在，所有的體驗，都是替我們在體驗，我們就不
需去體驗那種形態存在的體驗。

既然都是家人，

那家人生病了，

大自然生病了，

地球生病了，

請問我們還能置之不理嗎？

那天我開車上高速路，

我繫好安全帶，

握緊方向盤，

放空檔，

進入輸送帶

馬上大哭，

意識到

大自然生病了

我大哭，

為何會大哭？

因為大自然是我們的家人啊，

家人生病了

不難過嗎？

這個訊息絕不是空穴來風，
我們要去瞭解，
我們可以做什麼，
我相信我們都可以做到，
因為我們本身就是水。

水可以淨化萬物，
而本身不被染濁，
水可以滲透大自然，
可以還原本來的清澈，
道大，天大，地大，人亦大。

深深的感恩，
深深的感恩，
人為萬物之靈，
可以用意識做改造，做創造，
原來人這麼無限大，
頻率意識要多大，
有多大，
做即得到，
是自己把自己活小了。

生命背後的真相
身教　言教　不如胎教

也許你會認爲有 5 個家如何圓滿，
最難的就是最簡單的。

回歸源頭一步到位成爲道，水是道的御林軍，水是道的代言，成爲水，活出水的功能。

本身就是一本活生生的道德經，你就是活的教導，不言之教。

「水」：
本質～沖氣以爲和
特質～本身有淨化功能
價值～給
品質～利萬物而不爭
本能～淨化他物本身不染濁

就高效，精準直達
「大道至簡～返璞歸眞」
做卽得到～宇宙生命大圓滿

「圓滿家庭，家庭圓滿」
要回家～回家

什麼叫回家～就是心要回家，你人在家心不在家，那不算回家。

有次一個媽媽抱了一個小孩，那個小孩差不多

二、三歲抱在懷裡，小孩一直哭一直吵一直鬧，媽媽拿這個孩子沒辦法，他自己也哭起來了，我對媽媽說：你哭沒用，你的小孩哭是在表達～媽媽抱著我，心不在我身上，他哭是向你討愛希望你的心能專注他，他在你懷裡感受不到你的心，他是在向你呼求這一份心回家，叫你的心回家，心要回家。

人要「回家的重要」：

1.爲何每個人過年都要趕著回家過年？

2.爲何在外面忙，忙累了會很想回家？

3.在外面交際應酬喝得醉醺醺，醉了也要醉回家。

4.動物也一樣。

那些雞鴨，只要你早上把它那個籠子門打開，它們就打開翅膀跑跑飛飛飛出去了。到了晚上，你去看他們雞鴨籠，每一隻雞鴨都回家了，一隻也不少，乖乖的都知道要回家。

5.小孩子更是，到了晚上還在外面，他會哭，他就哭鬧，嘴巴會喊著「回家，我要回家」。

6.人在人世間剩下最後一口氣，家人都會運送回到家再斷氣。

「回家」爲什麼會這麼重要！

人都有追根溯源的文化，要尋根要歸根，人就是

要找回那個歸根復命，植物最後落葉歸根，人也是在尋找這個根源，認祖歸宗。

「夫物芸芸，各歸其根，歸根曰靜，靜曰復命」，《道德經》也這麼提。

最可怕的是靈魂離家出走，「魂不守舍，行屍走肉」那是非常非常痛苦的，叫身心分離，人要的是「身心靈合一」。

進入「圓滿家庭」主題，離不開作用力與反作用力不平衡所出現的問題，今生所有的問題都源自於更早之前所留下的缺口，再來做交流、互動、連結，完整自己，平衡這個未被整合的能量。

從靈性的角度終於發現，這個缺口是人類不敢承認自己的錯誤留下的後門、狡猾技倆，當被意識發現了就可以到達「圓滿途徑」了。

在三次元的三度人修行的最高門檻是「臣服」＝服氣。

生命是一口氣，你敢不服氣，就會要你的命。

到這個時空點又給人類開出修行的方便大門叫「接納」就過關了。

2011 年當時真的是修一個「臣服」修到滿臉皺紋，已經到了疾病爆發的臨界點了，各方面被逼得沒路可走。

「所有的發生都是好事」一個陰性的存在，它相

對的陽性也存在，否則這個存在不成立。

　　當時道的運作就把我運作到，印度合一大學，過程非常的波折，重重的考驗，
　　所謂的考驗都是在考驗人心，
　　你是真的嗎？
　　你是真的要嗎？
　　你真的要面對自己嗎？
　　最終打破層層的障礙，
　　去到了印度合一大學。

　　上了一個月的課，在第十幾天有次在巨大能量頻率恩典之下，竟然有一隻意識之手，進入我心的深處，開始做摸彩，所謂摸彩就是要摸一等特獎才叫摸彩。
　　摸到王牌～拉出來
　　有一個聲音告訴我～
　　你現在所做的一切都不需要你做的。
　　我傻眼了，我以為我很厲害呀，一個人從臺灣漂洋過海去了大陸十幾年，走到哪裡都被捧上天，常有人會問我，鈺珍老師，你從臺灣來到大陸你不想家嗎？
　　我理直氣壯告訴他們，我所到的地方都是我的家，來到我面前的人都是我的家人，我有說錯嗎？

飄太高了還是人，

忘了還有地球人的義務責任，

接下來這一句話才是重點，

「你最重要的是～回去圓滿你的家庭」我崩潰了。

王牌底牌要我～「回去圓滿我的家庭」

我整個人崩潰，歇斯底里～狂哭狂叫狂喊，

我不知道我的問題這麼嚴重，

原來一個人最大的問題是「不知道自己的問題在哪裡」才是最大的問題。

「打回原形」，毅然決然「不惜一切」從上海撤回臺灣，

只為了要～完成生命最大的課題～「圓滿家庭」，

「不惜一切」就是沒有任何比這件事還重要的事。

放～放～放

放下所有

光環，物質，

名，利，錢財，誘惑，事業

「放到一無所有～只為了回家」

「圓滿家庭」

用了兩年時間非常用心的做功課，終於把最重要的事圓滿出來了。

　　2013 年某一天半夜
　　一股巨大的能量系統降臨
　　我被嚇醒了
　　我被「不敢相信」嚇醒
　　我不敢相信人類幾千年修行要～覺悟～覺醒～解脫～
　　原來如此簡單，
　　怎麼可能，我不相信，重點這麼簡單就可以完成
　　那麼我就不用開課了，生活費從哪裡來？
　　（這個現象在目前 2021 年 8 月份又呈現出來了
　　很多人，尤其靈性機構，老師們已經發現到修行很簡單，
　　只要有「生命絕學茶道」
　　直達，高效，精準
　　卻不敢碰，
　　這是人類另外一個面相
　　不敢面對自己，
　　最終會是更大的問題）

　　隔天起床才意識到，

生命背後的真相
身教　言教　不如胎教

我不要我可以給別人呀！

我用各種的方式方法科技要把它拿回來已經不見
了。

頻率就是頻率～在萬緣俱足，條件吻和，密度匹
配，聚焦之下，交換完成就拿到寶藏了，只要刹那間
的想法進入，頻率的完整性就整個被亂流瓦解破壞潰
散掉了

「一朝因緣至，遍地開花來」

在能量這一區塊，我日復一日，經過一年的時
間能量頻率又聚焦了，就在某天的晚上，巨大能量
把我打醒了，我意識到這一次絕對不能再錯過，我
便坐起來看著芸芸眾生，一個比一個還苦，一個比
一個還忙碌，像無頭蒼蠅亂竄，我告訴他們，修行
不是這樣修的

修行很簡單的。

他們也不相信，

他們也聽不進去，

我要哭也哭不出來，笑也笑不出來，就坐起來，
把它整理出來，叫「宇宙生命藍圖」，成為標緻完整
的生命修行的程式藍圖。

想不到十年過去了，現在已經進入到 5D 新時代新人類的這個時空點，再次的印證這張「宇宙生命藍圖」完整無缺的圓滿頻率，我就把它呈現出來給各位：

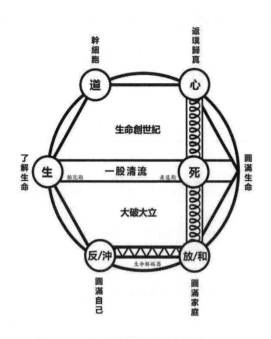

宇宙生命藍圖

當我拿到這份「宇宙生命藍圖」的寶藏之後，我理直氣壯的再度進入中國大陸分享「生命還原～拿回源頭的能量」。

生命背後的真相
身教　言教　不如胎教

2015 年被老子意識抓回中國終南山老子學院，生命只要把自己全然的給出去，讓道運作，好玩的就開始了，從此又是我生命另一個階段飛躍直達的開始。

　　目前已經進入 5D 新人類階段，落實宇宙生命藍圖可以幫我們實踐「宇宙生命大圓滿」，這 30 年來所研發出來的——

　　1.核能共振

　　2.離心力透析

　　3.性能量

　　4.生命幹細胞及深耕

　　5.胎兒期

　　6.產道期

　　原來是已經為宇宙生命大圓滿～（水分子結構 6 個角）這 6 個環扣做了準備了。

　　在接下來的「生命意識院」，我們共同把宇宙生命好好整理～宇宙生命大圓滿～落實此生圓滿所有～回家了。

　　祝福大家～每位都能修成正果

　　宇宙生命大圓滿～回家

　　感恩大家，謝謝。

作者寄語

感恩你陪伴這一本書到了尾聲，也感恩這本書的能量意識幫我們作生命的調整。我們瞭解到無法解決的問題都在胎兒期、產道期意識被卡在裡面而已，胎兒期有生生世世輪迴的密碼，這份改變是信念系統的改變，信念系統決定了生命的方向，如果只是在表層作清理，只會更加深強化它的存在，必須碰到核心本質的根源，洞見真理，感受實相，轉意識為智慧，這是走過這份體驗存在真正的價值。

情緒就是命運，是巨大的生命力，也是討愛的另一種表達，我們可以好好地善用情緒，運用情緒來幫我們做事，當情緒在餘波蕩漾時，覺察到馬上進入情緒，給情緒作依靠它就不會去抓大腦同流合汙幹壞事，請情緒來協助一起穿越這個事件，情緒非常地樂意（真正要穿越的是游離心）。情緒的智慧馬上湧現，協助我們圓滿這個事件，反之用情緒化做事是得不到支持，因為情緒本身是不被支持之下的意識，表達是不帶情緒的表達才能得到支持。哪來的「業」？「業」只是那份情緒的感覺，情緒轉得過來就是智慧，轉不過來就是「業」。

以宇宙存在十二緯度來講，我們還有揚升的空間及過程，胎兒期、產道期這些生命過程的轉化都為

生命背後的真相
身教　言教　不如胎教

了解放自己，讓靈性意識更揚升，意識主宰現象反應在物質層面，走過所有的過程只是一場遊戲，不要把自己玩進去。走過所有的過程只是一場遊戲，不要當真，不要執著，不要沉迷於過去，重要的是你用什麼心態在玩，這都是一場體驗。體驗完整，教導已經完成，就全然放下了。走過存在洞悉真理，其他的隨風而逝，「過去心不可得，未來心不可得，現在心不可得」。只有當下，當下就是享受，享受當下的品質，讓生活活出價值。

夢是輔助靈性揚升很好的工具，是高我通過夢在告訴你資訊，夢是生命最忠實的「經理人」，夢是最值得信賴的「老師」，當你關注夢等同於關注你生命的靈性揚升。

生命有高度，自然接納一切，裝下全天下，那份高度就是處下，那份高度就是高我的品質。很多事雖看無情背後卻是最大的有情，那是無私的愛，無條件的愛那是靈性實相，那是絕對性的自由與尊重，那是萬物負陰而抱陽，沖氣以為和，陰陽合一的愛。

21世紀靈性大覺醒之下，能量意識頻率整個被喚醒，能量世界非常美妙，凡事都是意識頻率通過能量在表達叫體驗，人類都在玩能量「角力遊戲」。宇宙能量的總數加物質的總數不變，變的是意識頻率波，端粒子粒腺體波長的滲透力在改變，意識頻率夾帶著所有資訊，頻率以波長來傳送資訊，有了波就有

作用力，波的速度產生張力的長度、寬度、深度，這中間的轉化差異就是密度的穩定度。造物的結果永遠是內在意識頻率電磁波放射的結果，生命的增值是靈魂內在意識頻率運動方向位置所造成的。連接源頭意識，如實如是存在每個當下，一切都從感受才開始，信任才是最重要的關卡，掌握內在這份平衡，一切好事自動發生，相信就有，做即得到，成為即顯化。

用這種品質陪伴胎兒在將近 300 個日子裡，已經在對胎兒 DNA 作優良品種種子植入的程式安裝了，可想而知，這個小生命的誕生將是愛的使者，神的化身，這就是胎教。祝賀！每個生命意識頻率的能量體覺醒與合一，讓自信綻放，百花齊放，願天堂再現人間，這是我們千古的約定。

我在 2015 年 8 月份閉黑關，在閉黑關的時候我內在呈現出兩張王牌，第一張「女人的智慧」，第二張「倒數計時」。得到這兩張王牌之後我的雙手就開始顫抖，明顯感覺到肌肉和骨骼的分子結構在分離，我心裡想：「天啊！我怎麼到這個時間點得了帕金森氏症。」我想要停下來可是沒有辦法。我就用靈性的角度去理解它在顯示什麼給我看？答案是我內在非常地恐懼，非常地害怕，我害怕承接一個重大的責任，我不敢承接所以雙手就一直顫抖，但是我不能讓雙手一直顫抖下去，所以我告訴自己：「接受吧！」當我承接之後就把整個企劃全部都寫出來，寫完之後我的

生命背後的真相
身教　言教　不如胎教

手就恢復了正常現象。

　　女人的智慧是什麼？也就是我寫這本書所表達的其中一個含義。女人你知道你承載著拯救全人類的使命嗎？這本書所寫的就是胎兒期和產道期。當你可以瞭解整個子宮就可以瞭解整個宇宙如何在運作萬物，孩子在這裡面已經在經歷這個過程，所以女人的智慧在每個當下都要隨時到位。我希望這本書能夠帶給更多未來生命的主人翁體現出靈性最高品質和眞理實相在生活中發揚光大，讓整個人類往和諧社會新地球村邁進，這也是人類共同的責任。

　　爲什麼說女人承載著拯救全人類的使命？有一句話說：「女人就是家庭的風水。」男人的命運掌握在女人的手中，女人是男人的後盾。女人是家裡的能量「總開關」，開關沒電整個家庭就沒有愛的溫暖，最嚴重的問題就是家庭的錯位都沒有在自己的位置上，做不好自己才會去做別人眼中所要的自己，這個過程你已經失去自己，失去自己又要把責任推給別人，要別人來替你承擔責任這是一般性存在的問題。

返璞歸眞意識天網生命絕學茶道已經展開；
大愛中華·全民生命大健康 全國公益行；
生命創世水舞 2021 年 9 月 16 日將出場；
生命無間道已經圓滿到第四期了，歡迎大家來體驗。

生命回歸大道，眾神歸位，用水的品質去損有餘而奉天下，以萬物心爲己心，以萬人心爲己心，以天下心爲己心，水善利萬物而不爭，借力使力毫不費力，我是一，我是眞，我是道，我是水，大道至簡，返璞歸眞。

　　打開無爲大門，無爲的意識頻率自然有辦法連接到蝴蝶效應，未來美妙的人間天堂將在地球顯現。

　　感恩我生命的歷程中有這 2 萬多個小時來到我面前的所有的生命勇士們，你們用你們的生命來豐盛我靈性的視野，你們用你們的生命來喚醒我意識的擴展，增加我生命的厚度，啟發我如何在人類繁雜的滾滾紅塵生活中更深入探索宇宙眞理實相本質，你們是我的老師，深深感恩你們對鈺珍的信任。

　　感恩我的啟蒙老師：唯識科學國際心靈機構創始人林顯宗老師的再三叮嚀，感恩我的恩師：中國終南山老子學院創辦人張三愚老師的接引，感恩陪伴我在靈性路程一起走過所有心路歷程的所有的老師，所有的靈魂伴侶，所有的學生們，感恩你們。我更感恩我的家人，我愛你們，我在光愛水火撓場引力波滾動中合十頂禮，感恩你們。

　　祝福你們，祝福大家！

生命背後的真相
身教　言教　不如胎教

後記

在「胎兒期」直接逆轉生命
這是我獻給人類最大的誠意了
這本書被我壓了 6 年了
選擇在這個時空點問世，必有他更大的意義所在
頁頁都有你、我，生命走過的足跡
面對意識再次的做清理，轉換頻率，這一股清
流終究成為主流～流入大海～獨立而不改～周行而
不殆。

生命背後的真相
身教　言教　不如胎教

第三十八章
高意識課程介紹

生命科技文明的終端
「返璞歸眞～意識天網～生命絕學茶道」

我們生命這條康莊大道要直達源頭，通暢無阻，順遂人生。

生命絕學茶道開出生命內在的康莊大道。

意識要揚升～轉換頻率的過程

物質意識～

能量意識～

造物意識～

源頭意識～

圓滿意識～

「生命絕學茶道」分三個階段：

絕學的部分：

面對生命過程的來龍去脈，從過去的色～受～想～行～識～五蘊皆空～色不亦空，空不亦色～再深入再紮根再升級。

胸有成竹則無敗事，能掌握生命的心路歷程～直達，高效，精準，到達目的地。

生命細胞的元素～光、愛、水、火。

過去涉及到光，愛的層面，

在愛的層面就卡住過不去了，

我們要再從愛的層面再深入到水，再深入到火，火裡面還是水，

水是道的御林軍，

水是道的代言人，道是無形無象無所不在，

透過水在表達道的本質，特質及價值。

過去我們會問

「愛是什麼，情為何物，直叫人生死相許」

這十幾年來人們都在問：

「道在何方，道為何物，談天論道才是開心的事」

絕學茶道～孔德之容，惟道是從

窈兮冥兮，其中有精；其精甚真，其中有信

「生命絕學茶道」表達出宇宙源頭天地大道，直接體驗生命就知道。

絕學茶道～這份深入生命的頻率意識完整～執大象，天下往，往而不害。「安、平、泰、樂，與餌過客止」。

安平泰樂頻率展開之下，又進入生命核心的水分子結構的啟動了。

這份粒腺體端粒子的波長所滲透到的滲透層面無

生命背後的真相
身教　言教　不如胎教

孔不入，我們會植入。

每個人在生活當中都必須涉及到的五件事：

1.實現～任何的心想事成都要實現

實現，必須有行動力

2.行動～那當你有行動力在實現時，生命自然而然就進入到不斷的蛻變，

3.蛻變～

當生命不斷的蛻變之下，你的意識會不斷的擴張，頻率不斷的高漲揚升，自然而然你就會進入到不同層面的連結，那種感覺就像兩岸猿聲啼不住，柳暗花明又一村，又進到另外一個更高意識層面的開啟。

4.連結～

連結就是道生之，德畜之，廣結善緣，在蛻變之下自然而然會流動，不斷的放、給、分享，大賺生命的財富，都會在物質層面回流顯化呈現給你

5.顯現～

當這份靈魂要的喜悅，興奮，生命大道一打開，一切自然而然，就會逆轉成反物質現象。

反物質現象是整個宇宙的力量會為你所用

顯現～連結～蛻變～行動～實現

重點：當反物質現象一啟動已經完全不同的時空了。

接著我們會進入到「五脈呼吸」。

呼吸就是

生命、生活、生存、生態、生死。

透過吐氣打開疆界大破限制，

是超光速，穿越時空，無邊無際，無遠弗屆

你要多大就有多大，你要多遠就有多遠，你要多少就有多少

生命很美妙的一件事，

你所擁有的一切都是你擴張出來的。

「五脈呼吸」～吐氣～

儘管吐，儘管大，儘管給，儘管放

你要的體驗～創造體驗

就發生了

這份直達，連結，擴張，高效，精準，回流的五脈呼吸，帶給生命的奇蹟連連！

絕學部分結束我們就進入茶道部分，絕學茶道是建立在七碗茶的基礎上。

我們分為

1. 前三碗：是屬於身體的層面，身體的化氣解瘀，疏通經脈，改變體質，解毒、排毒，細胞清理，陰陽平衡的轉換頻率。

2. 第四～五碗：走心靈的層面，萬物負陰而抱陽，

生命背後的真相
身教　言教　不如胎教

沖氣以爲和。

這個和

身心的和

和自己和解

氣就和了

「家和萬事興」身心的歸位合一

3.第六～七碗：進入到身心靈合一的層面，身心
　靈合一更深入到平行宇宙的三個部分在前進～
　圓滿

4.第八碗：進入到生命最重要的臨門一腳，推進
　去到生命的祕境。

這個最重要的臨門一腳直接讓球入洞得分。

接著精彩的體驗來了

我們就進入到

「高意識引領」

我們都知道

生命來到地球，到最後你會發現到

推動生命的兩個輪子

「創造」～「體驗」～「體驗」～「創造」

我們就直達

「源頭的高意識創造」

每個環扣密碼都很經典，尤其是在這個「膻中」。

這個「膻中」命脈點一旦打開，裡面的 T 細胞就打通，癌細胞就會消失不見，這個點非常的重要。

「生命工程大改造」～終止家族業力由我做先驅，改變子孫命運由我先做起。

就在這個帶脈啟動沖脈，帶動任督二脈帶動中脈，命門跟腎臟是帶脈的後盾，腎水整個沸騰起來，在這兩個系統啟動之下引動撓場引力波的離心力，向心力，作用力，反作用力，整個家族命運就引發出不可思議改變的連鎖效應了。

人休想要去改變誰

只要自己意識揚升，頻率波改變，你的世界就變了。

「生命原始點～胎」是我們這本書的主軸核心。

「胎」

不管你在那個時空點

不管你在那個生命輪迴點

不管你在那個事件點

你只要進入到這個原始點面對生命，都可以解碼，轉換，找回自己，重生自己。

生命背後的真相
身教　言教　不如胎教

學員分享一：○○女士

人性，靈性，神性

有幸跟隨鈺珍老師學習個人成長十餘年，在此彼此見證成長蛻變，感恩今生有幸還有機會一起探索生命之奧妙 宇宙之浩瀚。作為我的恩師，生命中的貴人鈺珍老師一直是身體，生活，生命的先行者。她用自己的親身實踐，真體實修在引導帶領我們，當一個生命向內一小步，就是向外一大步。的確沒錯，就在上周我也親身經歷了一場生命集體的照見與蛻變。

這是一場商業課程，主要是服務家庭企業的個人成長活動，這次活動共三天，一共來了130多人，其中有20多對的親子，還有7個14歲以下的孩子。為什麼要說這些數字呢，因為這幾個數字中有90%的孩子和家庭，已被現在社會集體意識下，公認確定為抑鬱症，自閉症和問題兒童家庭。在他們的日常生活中，大部分孩子已無法進行正常的上學和相對身體健康上的失衡，甚至有些嚴重的已經長期服用心理學專家開具的治療藥物三四年之久了，這次我有幸被安排在一個有著習慣性自殘的14歲女孩同屋共處一室三個晚上。記得第一晚上我是被主辦方求救下與女孩相見的，那晚她哭喊著要去醫院，不讓她去，她以死相逼，同時她早已準備好了很多的藥物和刀片，當時我

也嚇一跳，後瞭解情況才知道這孩子在生活中也經常用這樣的方式和家人互動相處！（聽起來挺可怕的，不過有趣的是，原來這是孩子的無意識常態習慣性的鬧劇……）瞭解情況後我去見了女孩並和她介紹了自己，她看到我後很納悶，因為來了一個並不是衝她身體不適而來解決問題的人

　　我向她介紹完後就坐在她旁邊繼續看著她演戲，她演的真的很出色（自己打了出租車，打了 120 救護車，打電話告訴遠程媽媽要去醫院，要離開酒店。讓媽媽付錢就好）我心想這是多麼縝密的思維安排啊，不由從內心讚歎這個靈魂。當然若無覺知的話，早已被她的行為發生嚇到的其它人，早已不知所措了。主辦方問我怎麼辦。

　　我摸了一下孩子的手腳，確實有些冷且發著汗，感覺到她的確身體有些不舒服但是也沒有到那個不堪的境界，當人在無意識無覺知下是很容易去到無意識的無名恐懼之中，同時也很會極度放大當下的感受的（其實這就是常態的人性表達方式）。因為長期沒有得到關注和認可，就需要用相對極端的方式去表達自己，並且去證明自己的情況是真實的。為什麼這樣說呢，下面再和大家解釋。

　　我對她說了一句，玩夠了嗎？玩夠就好好睡覺，我今晚且接下來的幾天都會陪她，同時我就進入了自己的生活空間，用另一種方式陪伴她，沒想到「**當我**

生命背後的真相
身教　言教　不如胎教

越安住我自己時，反而她就安定下來」，並且很快入睡了。

第二天一早主辦方因擔心故很早就來看她，這孩子睡得很好也出乎了主辦方意料，之後我問孩子是否要吃早餐，因為知道她已經幾天沒好好進食了，可是她還是表達不想吃，我感受了一下發現她不是不想吃而是不知道如何大破自己設定的局，於是我就去吃早餐並幫她帶了一些回來，回到房間孩子已洗漱好坐著玩拿手機，我把早餐給她後，她很欣然的接受並且吃了，之後我和她就一起去教室了。

餘後的幾天她都很安住在課室，卽使是睡覺的方式她也不離開，當然課程裡的內容也協助她打開了一扇窗，在最後一天時她很早就起床並選擇去為大家做服務。

我真的很讚歎很感動生命本身。就一個「你創造了你的體驗，你體驗了你的創造」。要什麼自己決定，當自身能量不具足是就需要外力協助，借力使力不費力。自然就可大破大立。

課程結束後一周，孩子和我聯繫說，懿耘老師我發現我的神真厲害，把我送到你身邊，讓你的言行作為感染我協助我醒來。

我看到這個信息時很感慨，其實我沒做什麼，每個生命靈是如此的智慧與本然，一切都如實如是的協助這個生命體經驗著，成長著，蛻變著。

不同時期的我感知不同，但仍有相同的「我」，人被給予自我改造的可能性，如種子在未完成之前，所有可能都在其中。我們的生命就像食物運化過程一樣，都有吸收、溫暖、營養、分泌（排遺）、維持、生長、繁衍的過程。而人亦如此，我們從出生開始都在尋找自我學習成長之路。

　　外面沒有別人只有自己，當我們越向內探索自己，越了知自己與自己的關係，自己與世界的關係，自己與宇宙的關係。

　　這就是鈺珍老師一直在踐行經驗中帶著我們這股清流一起向前行的篤定目標。

　　生命是非常美妙且悖論的。我們一生都在學習教育知識認知意識中穿梭。可是人生最大的學習真的如同老師所說就是學「放」，放也是生命裡最低調的奢華。在這物欲縱橫的時代，我們都認為看得見摸得著的才是真的，可是不知你我身邊又有多少已是家財萬貫，名利雙收的人們，到達一定極點時都不知所措，無明生活著，反過來再追尋一條自我認知的道路呢。

　　在鈺珍老師的教導與實證中，「放」這個大學問都是有階層次第的。而我善用於生活中的就是五放之終，放下所知障。放下我以為，我認為或者不要陷入他人的我認為或者我以為中。每個人因多種因素內外環境塑造成為今天的自己，背後都是有很龐大的系統在支援著他的顯現表達。所有的因緣聚合讓你我相遇

生命背後的真相
身教　言教　不如胎教

相聚再次有機會圓滿完整彼此，這是需要多大的願力而為之呢。相信宇宙的安排，相信道的運作，唯有信任感恩才能如水一樣順流，無為而至。愛亦是礙，業也是緣。唯有不斷提升自己的意識高度，能量頻率密度，才不會被洪流捲走。

慶幸的是，今生你我的福氣遇見一個真人，生活中的大修行者，她用親身實踐，身體力行一直在帶領我們走一條歸真之路。

用實踐實證體驗式的簡便法門——《生命絕學茶道》，用大道至簡的方式，帶領我們回到返璞歸真意識中，成為生命中的自己的大師。

真理無法被教導，只能被經驗。隨喜你和我，讓我們一起回到生命的原狀，還原清澈，恢復原狀，回歸英雄本色。

去發現你自己，在世界中追尋；

去發現世界，在你自己之中追尋。

唯愛永恆，圓滿前行。感恩我們

學員分享二：楊女士

我是楊○○，在過往的人生裡，我總是比別人的經歷要精彩些，以前智慧不夠，以為這一世是來還債的，在娘胎只待了六個月就迫不及待的來到世界，這突如其來的狀況讓我的父母生男孩的夢想完全破滅之下，我不堪的命運～。

從保溫箱出來就再也沒有回到父母親的懷抱，整個童年生活處境轉折，命運的波折，心路歷程的煎熬，不是三言兩語說的完的。

　　幾十年的打拼確實改善了經濟環境，可怕的卻是我不敢停下來，無形的壓力，總在夜晚靜悄悄的籠罩著，尤其是依靠的親人離世，感覺就像行屍走肉，我的健康也出現嚴重的問題，大刀小刀藥吃不停，我還是不敢停下來，最痛苦的莫過於我的家人，因為我停不下來，他們也如同被我鞭策著。於是我開始了身心靈的課程，開始念佛寫經文，跑靈山、宮廟、催眠療癒、遠赴西藏，這些過程就像頭痛吃止痛藥、睡不著吃安眠藥，藥物卻無法醫治病根，讓自己苟延殘喘的虛度著 40 幾年。

　　直到今年的農曆大年初六，因為友人的邀請喝了生平的第一場茶「生命絕學茶道」，認識了陳鈺珍老師，當天喝茶過程，眼淚鼻涕雙管齊下，壓抑許久的情緒瞬間釋放，讓我驚訝不已就如整個人從地下室被拉了上來，也就這樣開啟了。

　　「生命絕學茶道」

　　「生命創世水舞」

　　「無間道」的身體力行之旅

　　見證到什麼叫

　　直達

　　高效

生命背後的真相
身教　言教　不如胎教

精準
簡單到無法簡單的修行～「生命絕學茶道」

　　生命就是如此奇妙，當你準備好的時候，宇宙就帶來了奇蹟，疫情在這個節骨眼再次侵襲，三級警戒無法出門，於是我推掉所有工作和安排，全然享受這段旅程，看似簡單的「生命絕學茶道」學問和強度前所未有，效果著實讓人讚歎！

　　隨著每一天的衝擊震盪，打開了內心一道道的枷鎖，層層堆疊的心門露出曙光，我聽到內心吶喊的聲音，感受到靈魂的喜悅，更感受到身心靈釋放後的舒暢，原來我可以活得如此綻放，如此怡然自得。

　　這十幾年上了不少的心靈課程，洗滌了許多塵埃，但是在心靈深處似乎還有很多黑暗面是沒有力道打開它的，但是奇蹟就這麼發生了，隨著每天宇宙源頭「返璞歸真～意識天網」高振頻微振波的滲透之下，「絕學茶道」氣通命脈的引力波，將一個一個事件的滲透擊破，將我身心靈的銅牆鐵壁完全震碎如同破繭而出，當下確實痛苦萬分，尤其是要面對自己不敢見光的黑暗面，外面沒有別人！

　　傷害自己的只有自己，年幼的經歷確實有極大的影響，尤其自己深陷被害者的陰霾，在一次次的「生命創世水舞」～生命絕學裡瓦解潰堤。

　　更有深度的「無間道」～更直接進入生命源頭，

探索最神祕的面紗，霎那間我才恍然明白原來我是最優秀的戰士、最驕傲的引領者，過去的經歷都是來成就我靈魂的躍升，靈魂喜悅的是這份體驗這份穿越，那些看似對我傷害至深的人，原來都是送禮物的人，所有過去的經歷是豐富我人生劇本，這些經歷成為最滋潤的養份，除了深深感恩更想為這麼棒的自己喝采。這份明白讓我在心中吶喊不已，沒有什麼比靈魂覺醒更值得歡慶的！身上所有的細胞全部吹起勝利號角，當下即是全新的自己，原來只在當下華麗轉身，天堂即在眼前！所謂過去的業力、未來的境相完全由當下的意識來編寫！當全然信任道的安排，所有的過去全是養分，真心感恩宇宙萬物對自己的滋養～在這個時空點上明白一切，迎接最棒的自己回家！

最後要謝謝鈺珍老師用生命的陪伴與引領，老師就像一盞明燈總在路的前方照亮著我們，唯有把自己得到的這份大愛再全然的流動出去～這股清流川流不息，深深的感恩鈺珍老師，感恩所有一切的發生，感恩生命還有機會，感恩每天一起同頻共振所有的家人。

生命背後的真相
身教　言教　不如胎教

大爱中华·全民生命大健康
全国公益行

"生命科技文明的终端"
|
返璞归真意识天网
【生命绝学茶道】

中华老子学院敬邀您体验
真理无法被教导，只能被经验。

大爱中华·全民生命大健康
全国公益行

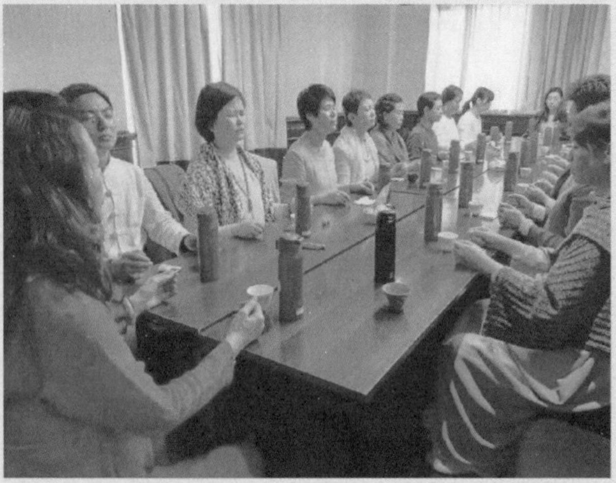

实证： 终止家族业力由我做先驱
改变子孙命运由我先做起

生命科技文明的終端
「生命絕學茶道」升級版

　　「生命創世水舞」～解碼我們身上 60 兆細胞水分子結構，生命工程的組織結構架構系統，就像「梅爾卡巴～生命之花」，非常非常美妙，這個過程就像稻米～如何破殼成米～再分解，分解再新重組～重新排列重新出發，再重組之下又是一個全新的形態～狀態～推動著生命的進展，進入～全新、全息、全貌的生命了。

　　感受那份轉換的過程，那一份流動，那個點、線、面，那個流向、流經、方向，是全新的。

　　生命創世水舞，過程就像湯圓下水，這個水，是如何讓這份水整個沸騰滾起來的，沸騰起來水轉換成氣體，那個蒸氣的過程就是生命在揚升蛻變的過程，當你這個熱騰騰的湯圓煮出來了，你自然而然會去～損有餘而奉天下，去分享，去連結，去流動，去給予。

　　從這個生命物理現象進入精微的物理分子演變的過程，這是「生命物理學」微積分程式的體驗過程，這份全然～流動～啟動～舞動～振動～波動～轉動，就在這份華麗轉身之下～「生命蛻變了」。

　　生命這份不言之教、活的教導非常美妙～無為之益，天下希及。

「生命創世水舞」是在表達修行的過程，透過一支舞來表達自己生命的蛻變歷程，

認真的活，

輕鬆的玩，

開心的做。

學員分享：○○女士

我從小就是非常的叛逆、抗拒的，雖然生命蛻變的過程，鈺珍老師曾向我伸出援助之手，我都拒絕，我寧願自己去摸索，去探索，去經驗那過程中酸甜苦辣的滋味！

隨著創世水舞的潛移默化，潤物細無聲，以及生命絕學茶道，無間道第三期深入，這股叛逆、抗拒的勢能～慢慢融合於無爲大道，化作涓涓清流，淨化滋養心田！

無間道原始點中，感受那千軍萬馬的父精衝出來，義無反顧，竭盡全力衝向全然準備好了的卵子，一陰一陽兩股能量交合在一起，只爲了愛，只爲創造新生命，只爲了一脈傳承，而全然的無我！

每每爲之感動——沒有傷害，只有成全！

我的靈魂選擇了這樣的父母，只是爲了完整體驗！

除了感恩，只有感恩！

父精母卵結合形成了一個單細胞，隨著馬達的轉動，細胞迅速裂變，先形成脊柱、頭顱，直到 60 兆細胞組裝成完美的胎兒！被道的這有無相生的無爲大法所震撼！

所有的成長都是爲了給予！無我的給予，以天下心爲己心，以萬物心爲己心，道大天大地大人亦大，帶我恢復原狀，還原英雄本色！

一卽一切，一切卽一，陰陽有序迴圈，生生不息！只有順流，與道相合，才能借力使力不費力！心甘情願放下對抗，跟著大人吃喝玩樂！

在無間道第三期第三階段，感覺自己進入了「和」的頻道！與自己和～與家和～與萬物和，就是與道相合！

一切爲愛而來，一切因和而生！陰陽合一，生生不息！根，綿綿若存，用之不勤！父母就是根的化身！內心沒有了怨恨，只有愛在流淌！

不由得慨歎，放了，就和了；和了，就反了，大道至簡，返璞歸眞！

體悟到了鈺珍老師爲什麼說：

新生命的鑰匙是大破大立，密碼是大放，大給，大反！

感恩鈺珍老師一路不離不棄，用生命喚醒我們！

在老師始終如一的引領和陪伴之下，內心的抗拒瓦解了，感覺自己心變大了，方向越來越清晰，錨定在「水善利萬物而不爭」的無爲大道上，活出水的品質，不爭無尤，行不言之教，一定成！

讚歎老師的生命工程大改造！

「絕學茶道」

「創世水舞」

「無間道」

都是眞理實相，

太強大啦！

越深入，越能感受到其魅力四射！

就一個原始點，把生命的來龍去脈呈現的淋漓盡致，生命中的卡點自然解開，徹底反轉人生！

謝謝老師，我覺得每天創世水舞，生命都被薰陶得靈活機智了。

感恩源頭父母！

感恩天地父母！

感恩肉身父母！

感恩鈺珍老師！

「生命無間道」是從生命絕學茶道的密碼中拉出。

生命背後的真相
身教　言教　不如胎教

「原始點密碼」就是生命無間道，再從無間道又進入，又發現到全部又是密碼，每一個密碼背後又是系統，這就是細胞分裂，這就是梅爾卡巴～生命之花在表達的含義，都在「生命絕學茶道」裡面全部到位。

無間道～裡面又分成很多很多的密碼，各就各位，各歸其位，各就其職，獨立而不改，周行而不殆，永不分離，相互輝映，相互托起，恢復原狀，還原英雄本色的生命。

道德經最精華的就是「無爲」，無爲裡面最精華的就是水，把無爲大門一扇一扇的打開，一個一個的滲透，一個一個連結，全然的這份「放，給，反」，「生命終於到家了」。

過程中「人體智能手機安裝完成」

到位、歸位、就位、上位～

帶著源頭意識～做地球人在地球要做的事。

真正要做的是

做內在生命程式

「大破大立的生命工程」

真正要創造的是

內在生命程式的

「大放，大給，大反」之下所有事都做好了。

尊道貴德，厚德載物，德不孤必有鄰，天下一家親！

人體就是一部智能手機，
具備所有功能，
物質生活的慣性把所有具足萬有的信念系統功能作廢了，
透過無間道的程式重新組合安裝完整的程式。

生活中就只做一件事，那件事叫做——
「當下即是」，
當下即是就只有圓滿當下，所有的事都可以圓滿。

人體智能手機的功能是——
無所不能
無所不知
無所不在
無所不是
無所不入

每個當下會自動給出你最需要平衡，合一，圓滿的答案。

活出水的特質，品質，本質
以天下心爲己心
以萬物心爲己心
水善利萬物而不爭
借力使力毫不費力

用靈性反人性，進入神性，活出神性的三位一體
性：
生而不有，
爲而不恃，
長而不宰。

體現命運共同體
願天堂再現人間
眞理無法被教導只能被經驗
返璞歸眞～在這個時空點與你相會
～～～迎接你回家。

學員分享一：○○女士

從「返璞歸眞意識天網～生命絕學茶道」～

「生命創世水舞」～

「無間道」～

一路走來。

我的生命及整個家族發生天翻地覆的改變，現在要表達出來才發現語言的蒼白，只有深深的感恩！感恩！再感恩！

第一次去到老師的課程，老師全然的給，給了很多，但當時的我不是很明白，只有信任。

老師說你全然的放，我的能量自然到位，課程中感覺特別好。

特別記住（位置，接納，信任；反～五毒五心）

生命整理在生活中就去用，非常好用，信任簡單聽話照做，每天晚上老師帶領練能量，在不知不覺中自己意識提升了，身邊人也變了，就像水潤物細無聲，只有做好自己而已。

這樣一晃過了一年多，2019 年 7 月份，老師在昆明舉辦公益課，在這次課程當中老師依舊全然的給，給了很多，我們心中強烈意願要舉辦老師的公益課，發願把老師的大愛傳播給更多的人。

回家更給自己下功夫每天絕學茶道，讀老師「能量」書，原本嗓子嘶啞的二妹聲音好聽了，她的家庭關係也發生了很大的變化。

生命背後的真相
身教 言教 不如胎教

在四川眉山舉辦了老師的公益課，這次課程的舉辦，在我的家族史上揭開了最重要的一頁，第一次整個家族同心協力全力支持，從未有過的和諧，除了後勤人員，其餘人員全部全程參與到老師的課程當中，大賺生命財富。

接著再次舉辦老師「生命區塊鏈」課程。

2020 年的春節是不平凡的，由於疫情的關係，老師的課程由線下轉爲線上。我們一家跟隨老師邁入 5D 新生命 3 個 7 二十一天空檔隧道，進入人體智能手機，生命不斷地升級，螺旋揚升，在 5D 頻率的大放送之下，我的家族也迎來了一次大升級前的地震，我們感受到卻無力抱出來，感恩老師不離不棄生命的陪伴支持，不分晝夜，不厭其煩，直到我們抱出這個生命超級大禮包，收穫到家族大圓滿。

老師生命的指引陪伴只有感恩！深深的感恩！

2020 年 12 月，進入茶師考核，老師一對一協助我們整理生命。

這次生命整理讓我們的生命站上一個新臺階。

接下來的「生命創世水舞」，老師就像涓涓細流，默默滋養我們每個人的生命，上善若水，不知不覺中，天空變藍了，水流清澈了，每個人的心花也都開了。

2021 年 6 月，在道的推動之下，我們成都中心承接了返璞歸眞意識天網生命絕學茶道「無間道」的

課程。

課程一期 12 天，連續三期無間道課程的引領，讓我的整個家族命運徹底大翻轉，有形的是物質層面：身體的年輕態，聲音的清亮，眼神的神采飛揚，物質的豐盛，身邊的人都震驚於我不可思議的變化。

終止家族業力由我做先驅，改變子孫命運由我先做起，我改變，我的家族全部改變。

在無形的層面，只能用「玄之又玄，眾妙之門」來形容。

生命還在不斷的蛻變之中，大放，大給，大反。

唯有做出「大破大立」，

誰體驗誰知道，生命如此美妙！

愛自己就讓自己～

大道至簡，返璞歸真，享受吧，生命！

學員分享二：○○女士

關於無間道的感受及收穫，重點分享一下意識方面的躍升：

· 2021 年 6 月 18 日

這一次的無間道，整個過程讓我內心特別平靜，其中還收到一些即將可以去做的事情的指引，就這個瞬間有感受到靈魂的興奮和激情，還有畫面感。

從父精母卵的那個意識引領中，感受到一種超光速，超越時間和空間的自由感，好像可以進入任何時

生命背後的真相
身教　言教　不如胎教

間去修改程式，有那麼一瞬間感受到自己無所不能，無所不入，可以「馳騁天下之所堅」的感覺，一切都在我的意識中，這個時候感覺身體很輕，甚至有點感受不到我在哪兒，似乎不在現實中，不過這個過程持續的時間很短。

父精母卵的結合還給到我一個啟示是，一個種子要生長發展，背後一定要有系統的支援，不是單靠一顆優良的種子就可以開花結果的，如何在生活和工作的領域中搭建好符合大系統的小系統也至關重要。

· 2021 年 7 月 7 日

我感覺「第一名」不僅僅是一個個體，也是一個群體。我們所走的路就是走了一條來時路，就是回到來時的地方，始就是終，終就是始，所以過程才最重要。

在走過這個過程的同時，優先活出來，才能成為那個引領者，我們並不普通，卻要先成為普通人，才能感同身受眾人之心，才能以眾人心為己心，才能引領和推動全人類。只有先成為，才能再超越，成為那個「第一名」，才能真正地去引領！才會讓每個人覺得：你可以，我也可以。就像老子一樣，老子也是極其普通的人，極其普通的身世，更能成為我們的典範，並影響著世界兩千多年。

與我相關聯的「我們」就像生命之花那樣的一張無形的網，當某一個中心向上揚升的時候，其它中心

點就跟著被往上拉，這讓我聯想到鈺珍老師之前說的「一人得道，九族升天」。所以，我就是「造物主」，我活出自己，就是活出了「我們」。

· 2021 年 7 月 24 日

　　無間道的高意識引領當中，體會到無中還有「無」，「無中無」的裡面還有「無」，那是非常深邃浩瀚的空間，充滿了各種可能性，玄之又玄，那種感受不知道如何表述，像是打開一個眾妙之門，打開一個無限之門後的深深被震撼到的感覺。

· 2021 年 7 月 25 日

　　當千軍萬馬般的精子群衝向卵子時，感受到「第一名」的強而有力的衝力，在那麼微觀的世界當中，卻能感受到「第一名」的那股力量是巨大的。那是一股自然之力，那個「第一名」，沒有任何的目的，沒有理由，沒有任何想法，也不知道結果會怎樣，自然而然地，只是跟隨著內在那股力道只管向前衝，甚至毫不費力，完完全全地，毫不保留地把自己全然地給出去。就像種子要破土一樣，像花苞要綻放一樣，像大浪要衝向天一樣，像胎兒要衝出母體一樣，僅僅是跟隨那股自性的自然之力，全然地給出，勢不可擋！這讓我感覺全身都充滿了力量。

　　而當父精與母卵結合的一剎那間，更是一股強大的力量引爆出一個新的生命，撓場引力波不斷地往外擴散，就像宇宙大爆炸一樣，似一個新的世界誕生

了。這便是宇宙的饋贈，是生命的恩典，那一刻覺得無比驚喜，無比感恩。

· 2021 年 7 月 27 日

在「完整」兩個字的指令當中，靈魂隨之一震，就像殺毒軟體查殺到病毒後跳出警報一樣。回看自己大部分時候都只是活了一半，只把自認為好的一半呈現給眾人，另一半陰暗面的我往往被掩飾被隱藏。從父精母卵的陰陽和合這裡得到啟示：只有父精，或只有母卵，都無法促進新生命的創造，孤陰不生，孤陽不長，陰陽和合萬物生。我們人也是有陰面和陽面，有天使的一面，也有魔鬼的一面，同樣是一陰一陽，為何只接受陽面，而對抗排斥陰暗面呢？一陰一陽只是不同的存在，只有整合陰面的這部分能量為我所用，我才真正地大，真正地完整。就像大海一樣，大海之所以大是因為它包容兼併，不管多麼汙穢也能接納，才成就了它的「大」。沒有汙穢的存在，又哪來「包容」的品質？

我的陰暗面，可能又醜又髒又臭，但是當我能把它整合為我所用，它就是肥料，就像落花一樣，化作春泥更護花，才使得花更美更綻放。所以當我接納它，融合它，才能真正的完整。才能創造出更多的可能性。這時候我才可以說我是「一」，否則就是 0.5。

這一場，讓我對自己多了好多的接納。生命的本

質都允許那個陰面部分的存在，我又何必對它耿耿於懷呢？！

· 2021 年 7 月 30 日

今天喝茶的時候喝出了感動，激動。

今天突然好像有一個地方通了一些些，我試著表達一下。

當我進入到「無」的時候，也就是進入到萬物同根同源的那部分的時候，體驗到了我是一，我是眞，我是道……就是回到了薛定諤的貓的量子疊加狀態，一切可以重新創造……

當我處在「無」的狀態，也就是從細胞到分子，到原子，再到粒子，就是進入到「其精甚眞」裡面時，最裡面那個才是眞的，其它都是幻相。就好像疾病，不管好的細胞還是疾病的細胞，最小最裡面的部分都是「無」，都是「眞」，當在那個「無」裡面體驗到：我是一，我是眞，這個相同的部分時，就會忘了那些疾病。而在那個「眞」之外，所謂的那些不好的細胞都是幻相，就在此刻坍縮了。什麼疾病，什麼癌細胞，什麼老化，氧化，都不存在了，意識光，意念力不在那個疾病上面了，疾病的能量就萎縮了。因爲意識裡有，才會創造出有，意識裡沒有，現實中就沒有。當意識在「無」中，只有眞，只有一，只有道，所創化的自然是生命本身想創造的。生命的本質是愛、是健

生命背後的真相
身教　言教　不如胎教

康，當信任與交托，讓生命自然生長，生命只能生長出愛與健康。

所以只要時時記得「我所是」。

・2021 年 8 月 1 日

在無間道的意識頻率當中，無比的清明，因其無孔不入地滲透，洞見到自己一些角角落落的塵垢，清掃出那些非道的雜念。比如這一次有覺察到自己在某些指令下會特別「追求」一些感受，甚至期待有特別的感受，然後就會有一些些用力，有一些些刻意，然而越是用力，越是抓不到那個感覺。當我有了期待，當我一用力，就沒辦法放鬆了，就去到了「有爲」。這個是我參與無間道 N 場下來沒有覺察到的部分，忽略的部分，這一次一下就浮現到意識表層來了。其實我眞的不需要做什麼，只需要放鬆，只需要讓自己存在於頻率波，只需要讓自己去做一個接收器，只是讓自己保持在那裡就好了，來什麼裝什麼，隨時可以被取用，然後我只是去觀照，僅此而已，我不需要期待自己達成什麼，獲得什麼，我是我所是，在實相層面，我沒什麼要去達成的，我已然是一，我已然是眞，我已然是道啊！我已然是那個想成爲的「我是」了。只需讓一切自然地發生……

當我意識到這些，然後一鬆一放間，震感強了

些，隨後感覺到被一種感動被一種恩典充滿，似要滿溢出來……這讓我體悟到：「無為」就是什麼都沒做，但該發生的都在發生著……

· 2021 年 8 月 2 日

之前有感受到在無間道的原始點指令當中，有如給自己的生命重裝系統的感覺，這一次對這個「重裝系統」有一個新的更深入的領悟。關於鈺珍老師之前一遍遍跟我們灌輸的「一切都已經做好了」、「結果已經存在，我們只是走過這個存在」，原來是這樣運作的——所謂的改變現實生活，所謂的奇蹟，原來只是回到源頭（父精母卵結合之前，靈魂投胎之前）重新創造，甚至連「創造」都不是，我們只是隨著頻率的提升，重新接收一個新的現實而已，就像重新接收一個新的頻道一樣，我們所要的現實，就像那些節目一樣早就已經做好了，我要做的僅僅只是調頻和接收而已，就有了新的現實了，就像收音機一樣，收音機本身不會創造，只是調頻和接收而已，這個頻道不想聽了，就換個頻道。我們也是一樣，這個現實生活不是我想要的，不需要費力地去改變外在，唯一要做的就是回來提升自己的頻率，帶著信任去接收新的現實而已，重要的是不讓頭腦擋道。怪不得鈺珍老師說「什麼都不用做，只需要喝茶（生命絕學茶道體驗完整），一切都來了。」「沒

222 生命背後的真相
身教　言教　不如胎教

事喝茶，有事更要喝茶。」

　　同時我也意識到，所有的現實中的改變，現實中的奇蹟，並不是我們真正要提升的目的，而是提升過程中的附屬品，畢竟那些都是幻相，如果還執著在幻相中，那麼難免還會有好壞對錯的二元分離之境，這樣子是好的，那樣子是不好的……其實沒有好的人生和不好的人生，只有覺悟的人生和沒有覺悟的人生。

柔情似水～真心英雄

　　可以說是生命最直達的體驗了，豪情萬丈，跨界衝浪不受潮。

　　在生命最深處的存在點，從那個城堡去破那口井，也就是所謂內心的城堡，已經成為生命地牢了，就必需把這個地牢破掉，破掉那口井，讓那口井的髒水，臭水，汙水，酸水，死水，全部釋放出來，生命就死裡回生了。

　　「水」是活的，活水是要流動的，要動起來的，動起來的水意識頻率就轉換水分子結構重生，在重生的水分子結構中，生命就知道要體驗全新的，就轉換出全新的康莊大道，去到西雅圖的空中花園～人間天堂。

　　讓「水」成為生活中的「無為銀行」

讓「水」成為生命中的「中央銀行」

讓「水龍頭」通暢無阻，要什麼有什麼，要多少有多少。

最主要喚醒「水」的五個特質的存在狀態，只要抓住一個重點，連鎖效應就為你的生命全然展開。

「水」的五個特質

1.水的本質～借力使力毫不費力。

2.水的特質～利萬物而不爭。

3.水的價值～沖。

　　是為了跟他和，沖氣以為和。

4.水的品質～給。

　　你要多少，他就給你多少。

5.水的本能～淨化萬物，自己卻不會被汙染，水本身有淨化功能。

「真心英雄」生命水利工程上面的這畝心田才是生命大工程

這一畝心田全都是生命的樂章

讓時空對折～直達目的地

人類新時代的未來直接做出來

成為「活的教導」

成為引領者

224　生命背後的真相
　　身教　言教　不如胎教

我們就是名副其實的「星際金種子」

學員分享：○○女士
　　柔情似水，真心英雄

　　發現生命真的是奧妙無窮啊，一浪高過一浪的拍打過來，原來是要把我帶到更高！

　　在「生命絕學茶道」「無間道」不斷洗禮下，我化解了和母親之間的模式糾纏，對父母充滿了感恩，進而擴展到了對天地父母、源頭父母深深的愛。本以為可以喘口氣，最令我震驚的是，清醒地看到了父母婚姻關係的衝突模式，輪迴到了我的親密關係中。

　　就在 2021 年 8 月 28 號，我 56 歲生日這一天，鈺珍老師啟動了柔情似水，真心英雄，解我之所惑，了我之所痛！在整個過程中，我全然地體驗到了自己是被溺愛的寶貝。只是任性，一意孤行，不聽從母親的安排，執意要自己獨自闖蕩天下。闖蕩了一番，才發現只憑一己之力不足夠解天下人我執之苦。要神性開路，心力做事，道義護航。真的服氣了

　　回歸神性，開啟生命新的航道！
　　一畝心田，種下了大慈大悲、有情有義的種子，我的心開始變得柔軟了！不爭了，順流了！化暴戾為祥和！感恩丈夫用這樣的方式催促我覺醒！感恩所有

的存在都是因我的到來而存在。

　　每天早課鈺珍老師帶領我們創世水舞，每天的衝浪非常享受，衝到高潮，全然地放和給，放得一無所有，和天之力交換頻率，很豪爽！眞的是上癮又過癮。

　　今天鈺珍老師第三次帶領眞心英雄！踏上這個眞人之旅，就發現我的一畝心田變成了一望無際的沃土，我很好奇，這是什麼意思啊？內心聲音響起，「期待播下新的種子！你這個工程師站出來，需要的人馬會全部到位」！

　　這一刻好像已經等待了千百世，禁不住淚如泉湧！

　　期待了這麼久，終於要站出來引領，和過往告別，卽將要獨立面對更大的生命挑戰了，激動得熱淚盈眶！

　　畫面不斷呈現，新播種下的種子，要經歷這個嚴冬的考驗，待到明年春花爛漫時，卽是吾輩光芒四射，給苦苦掙扎中的眾生以生的希望和光明之時！熱血沸騰，淚花四濺！

　　爲天地立心，爲萬世開太平！當老師問到，你願意嗎？毫不猶豫，我願意！我願意！我願意！我願意投資自己，成爲引領者、活的教導、星際種子，替全人類工作！我相信人人都能活出自己的道德經，從迷到悟，共用繁榮豐盛美好的人間天堂！

　　眞心英雄橫空出世，不待揚鞭自奮蹄！

生命背後的真相
身教　言教　不如胎教

感恩鈺珍老師生命的喚醒和引領，感恩靈魂家人們同頻共振，讓我們真心英雄們義無反顧，大膽前行，從圓滿家庭，從和諧地球村，讓天堂再現人間！

中華老子學院

各中心通訊錄(大陸)

國家	地區	姓名	微信 ID
中國分中心	成都	雪梅	jinwu312
	成都	雪容	wxrcs168
	昆明	懿耘	yiyun1120
	上海	心如	zbm0319
	上海	先覺	h1057866494
	廣州	秋花	liang15920598079
	廣州	祖鳳	y529441809
	北京	希言	ff13126867613
	義烏	臧璐	loolook
	寧波	雪鴻	wx489626726
	四川	雪花	c7tu2csve0gj22
	哈爾濱	傾城	mingliuhzp1313
澳洲分中心	澳洲	格菱	Allanna-76

中華老子學院

各中心通訊錄(台灣)

地區	姓名	微信 ID
台北	秀鳳	judy336650
台中	春梅	ILS_Vanessa
台南	麗蓉	ILS_Smile
高雄	雅芬	sophia101916
道中心	天一	Daniel-S3

生命背後的真相
身教　言教　不如胎教

感恩新文明的开启
感恩5D新生命来临
依心而行～常德不离
尊道贵德～无为而治
大破大立～大愿大行
修之于身～其德乃真
大道至简～返璞归真

宇宙生命大圆满
欢迎回家

「返璞歸眞」陳鈺珍老師簡介

一個勇敢無畏的女人
一個充滿童眞率直的女人
一個活的沒有年齡痕跡，
又充滿古老智慧的女人。
她就是——返璞歸眞～
陳鈺珍老師。

　　她探索生命 32 年從未停歇過腳步，不斷的面對～穿越，發現面對體驗做的過程，內心眞理湧現出道的泉源，那份喜悅，開心，自信意識不斷擴張揚升的無限性，又能全然的給予，那是生命存在眞正的財富與價值了。

　　她強調：每個人都要找到自己內在大道而入門，在道上承認是自己的使命，行在無爲大道「認眞的活，輕鬆的玩，開心的做」。

生命背後的真相
身教　言教　不如胎教

在「有」中把無玩出來

在「無」中把有創造出來

全然地給出，無所保留，才是豐盛來源

　　她通過臨床生命科學、能量科學、量子物理學、唯識學、超心理學、相對論、超弦理論及悖論，對能量醫學領域深入探索，驗證宇宙生命大圓滿的祕訣。

　　眞的，生命簡單到無法簡單，一個「反」就讓你吃不完。

　　「生命絕學」

　　「易如反掌」

　　她是一位活的教導。

　　用生命述說，毫無保留的奉獻生命絕學眞理，滋養來到身邊的每一個人，圓滿每個當下，圓滿家庭！爲社會和諧，世界和平默默的貢獻著……

國家圖書館出版品預行編目資料

生命背後的眞相：身教，言教，不如胎教／陳鈺
珍著. --初版.--臺中市：白象文化事業有限公
司，2022.2
　　面；　公分.
ISBN 978-626-7056-43-1（平裝）
1.胎教 2.懷孕
429.12　　　　　　　　　　　110018335

生命背後的眞相：身教，言教，不如胎教

作　　者　陳鈺珍
校　　對　陳鈺珍、黃裕峰
封面設計　豐聯資訊
發 行 人　張輝潭
出版發行　白象文化事業有限公司
　　　　　412台中市大里區科技路1號8樓之2（台中軟體園區）
　　　　　出版專線：（04）2496-5995　　傳眞：（04）2496-9901
　　　　　401台中市東區和平街228巷44號（經銷部）
　　　　　購書專線：（04）2220-8589　　傳眞：（04）2220-8505
專案主編　陳逸儒
特約設計　白淑麗
出版編印　林榮威、陳逸儒、黃麗穎、水邊、陳婷婷、李婕
設計創意　張禮南、何佳諠
經銷推廣　李莉吟、莊博亞、劉育姍、李如玉
經紀企劃　張輝潭、徐錦淳、廖書湘、黃姿虹
營運管理　林金郎、曾千熏
印　　刷　基盛印刷工場
初版一刷　2022年2月
二版一刷　2022年3月
定　　價　360元

白象文化　印書小舖 PressStore出版平台　出版・經銷・宣傳・設計
www.ElephantWhite.com.tw　f 自費出版的領導者　購書 白象文化生活館